약초

나들이도감

세밀화로 그린 보리 산들바다 도감

약초 나들이도감

세밀화 이원우

약재 그림 임병국, 안경자, 이기수

감수 이영종, 박석준

편집 김종현, 정진이

기획실 김소영, 김수연, 김용란

디자인 이안디자인

제작 심준엽

영업 나길훈, 안명선, 양병희, 원숙영, 조현정

독자 사업(잡지) 김빛나래, 정영지

새사업팀 조서연

경영 지원 신종호, 임혜정, 한선희

분해와 출력·인쇄 (주)로얄프로세스

제본 (주)상지사 P&B

1판 1쇄 펴낸 날 2016년 11월 1일 | **1판 6쇄 펴낸 날** 2022년 5월 31일

펴낸이 유문숙

펴낸 곳 (주) 도서출판 보리

출판등록 1991년 8월 6일 제 9−279호

주소 (10881) 경기도 파주시 직지길 492

전화 (031)955−3535 / **전송** (031)950−9501

누리집 www.boribook.com **전자우편** bori@boribook.com

ⓒ 보리 2016

값 12,000원

보리는 나무 한 그루를 베어 낼 가치가 있는지 생각하며 책을 만듭니다.

ISBN 978-89-8428-940-6 06470 978-89-8428-890-4 (세트)
이 도서의 국립중앙도서관 출판시도서목록(CIP)은 서지정보유통지원시스템 홈페이지
(http://seoji.nl.go.kr)와 국가자료공동목록시스템(http://www.nl.go.kr/kolisnet)에서
이용하실 수 있습니다. (CIP 제어번호 : CIP2016023831)

우리 땅에 나는 약초 106종

약초
나들이도감

그림 이원우 외 | 감수 이영종, 박석준

보리

일러두기

1. 아이부터 어른까지 함께 볼 수 있도록 쉽게 썼다.
2. 약초 세밀화와 약재는 화가가 직접 취재해서 보고 그렸다. 구할 수 없는 약재(쥐방울덩굴 따위)는 사진을 보고 그렸다.
3. 1부 그림으로 찾아보기는 약초를 산, 들, 물가처럼 나는 곳으로 나누고 그 안에서 꽃 색깔로 묶어서 찾기 쉽게 했다. 본문은 약초를 가나다 순서로 실었다. 3부에서는 한의학에서 약재를 쓰는 기본 원리와 약재만 따로 모아 약재 이름, 약재 만드는 법, 약 성질, 약 먹는 때, 약 쓰는 법, 주의할 점을 자세히 설명했다.
4. 약초 이름, 다른 이름, 학명, 분류는 《국가표준식물목록》을 따르고, 《원색 대한식물도감》(이창복, 향문사, 2003), 《원색 한국식물도감》(이영노, 교학사, 2002), 《한국생약자원생태도감 1, 2, 3》(강병화, 지오북, 2008)을 참고했다.
5. 북녘 이름은 《조선식물지 1~10》(임록재 외, 과학기술출판사, 2000)를 기준으로 《조선약용식물지 1, 2, 3》(임록재, 농업출판사, 1998), 《조선식물원색도감 1, 2》(과학백과사전종합출판사, 2001), 《무슨 꽃이야?》, 《무슨 풀이야?》(보리출판사, 2006)를 참고했다.
6. 약재 이름은 《한국 본초도감》(안덕균, 교학사, 2000), 《원색 한약도감》(강병수 외, 동아문화사, 2008), 《임상 본초학》(신민교, 영림사, 2002), 《본초학》(전국한의과대학공동교재편찬위원회, 영림사, 2007)을 참고했다.
7. 맞춤법과 띄어쓰기는 《표준국어대사전》을 따랐다.
8. 과명에 사이시옷은 적용하지 않았다.

9. 본문 보기

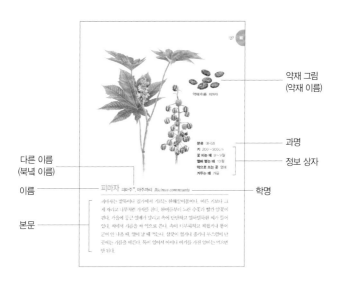

약재 그림
(약재 이름)

약재 이름 피마자

과명

정보 상자

분류 대극과
키 200~300cm
꽃 피는 때 8~9월
열매 맺는 때 10월
약으로 쓰는 곳 열매
거두는 때 가을

다른 이름
(북녘 이름)

이름

피마자 피마주*, 아주까리 *Ricinus communis*

학명

본문

싸여 있는 갈등이나 길가에서 자라는 한해살이풀이다. 어른 키보다 크게 자라고 나무처럼 가지를 친다. 한여름부터 노란 수꽃과 빨간 암꽃이 핀다. 사슴에 둥근 열매가 달리고 속이 단단하고 얼룩덜룩한 씨가 들어 있다. 씨에서 기름을 짜 약으로 쓴다. 속이 미끈둥하고 저릿저릿 뭉어한 나쁜 때, 얼마 날 때 먹는다. 열꽃이 얽거나 종기나 부스럼이 난 곳에는 기름을 바른다. 독이 있어서 이아니 여기를 사진 없이는 먹으면 안 된다.

약초
나들이도감

약초 더 알아보기

우리 땅에 나는 약초 138

본초학과 약재 148

찾아보기

그림으로 찾아보기

산에서 자라는 약초

하얀 꽃

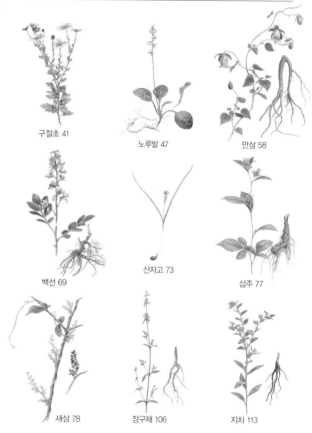

구절초 41

노루발 47

만삼 58

백선 69

산자고 73

삽주 77

새삼 78

장구채 106

지치 113

감국 32

고삼 38

꼭두서니 44

담배풀 50

딱지꽃 55

마타리 57

민들레 64

삼지구엽초 76

시호 87

애기똥풀 90

약모밀 91

원추리 97

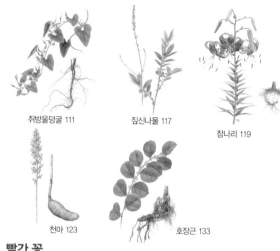

빨간 꽃

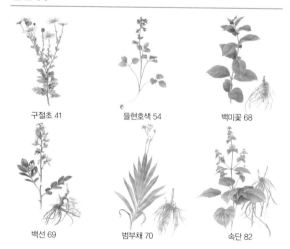

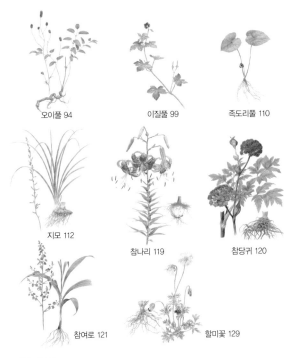

오이풀 94

이질풀 99

족도리풀 110

지모 112

참나리 119

참당귀 120

참여로 121

할미꽃 129

보라 꽃

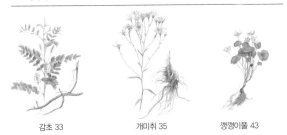

감초 33

개미취 35

깽깽이풀 43

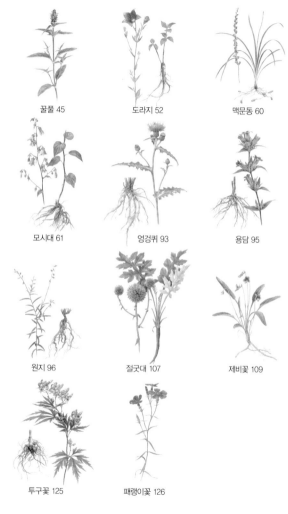

꿀풀 45

도라지 52

맥문동 60

모시대 61

엉겅퀴 93

용담 95

원지 96

절굿대 107

제비꽃 109

투구꽃 125

패랭이꽃 126

풀빛 꽃

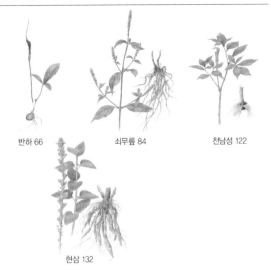

반하 66　　쇠무릎 84　　천남성 122

현삼 132

꽃이 안 피는 풀

관중 40　　석위 79　　속새 83

들에서 자라는 약초

하얀 꽃

구절초 41

자리공 104

장구채 106

노란 꽃

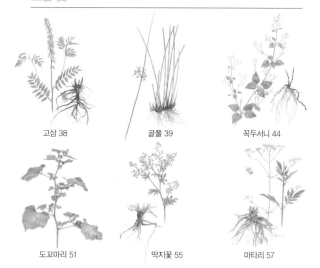

고삼 38

골풀 39

꼭두서니 44

도꼬마리 51

딱지꽃 55

마타리 57

민들레 64

시호 87

원추리 97

짚신나물 117

참나리 119

호장근 133

빨간 꽃

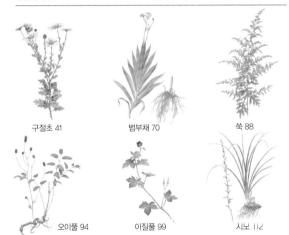

구절초 41

범부채 70

쑥 88

오이풀 94

이질풀 99

시노 112

참나리 119

할미꽃 129

보라 꽃

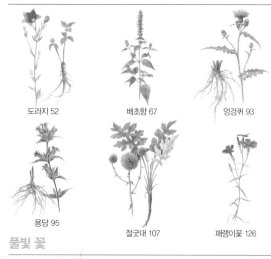

도라지 52

배초향 67

엉겅퀴 93

용담 95

절굿대 107

패랭이꽃 126

풀빛 꽃

골풀 39

논밭에서 자라는 약초

하얀 꽃

자리공 104   층층갈고리둥굴레 124   하수오 128

노란 꽃

감국 32   결명자 37   골풀 39

금불초 42   닥풀 48   농아 53

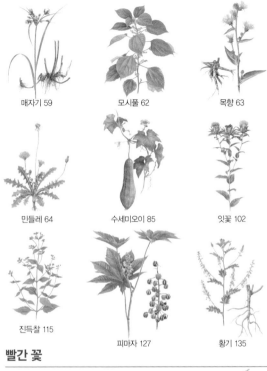

매자기 59

모시풀 62

목향 63

민들레 64

수세미오이 85

잇꽃 102

진득찰 115

피마자 127

황기 135

빨간 꽃

들현호색 54

소엽 81

쑥 88

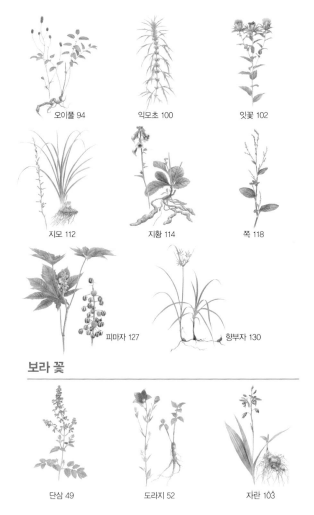

오이풀 94

익모초 100

잇꽃 102

지모 112

지황 114

쪽 118

피마자 127

향부자 130

보라 꽃

단삼 49

도라지 52

자란 103

제비꽃 109

황금 134

풀빛 꽃

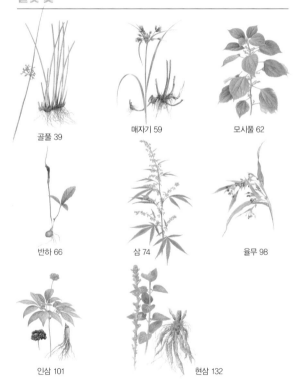

골풀 39

매자기 59

모시풀 62

반하 66

삼 74

율무 98

인삼 101

현삼 132

길가나 빈터에서 자라는 약초

하얀 꽃

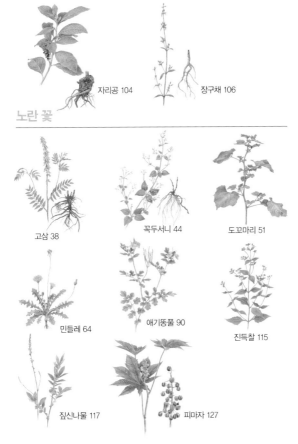

자리공 104

장구채 106

노란 꽃

고삼 38

꼭두서니 44

도꼬마리 51

민들레 64

애기똥풀 90

진득찰 115

짚신나물 117

피마자 127

빨간 꽃

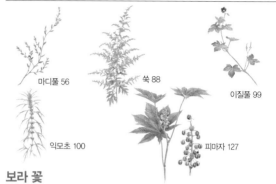

마디풀 56

쑥 88

이질풀 99

익모초 100

피마자 127

보라 꽃

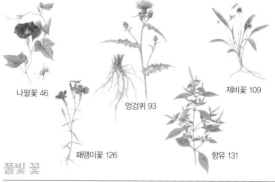

나팔꽃 46

엉겅퀴 93

제비꽃 109

패랭이꽃 126

향유 131

풀빛 꽃

반하 66

쇠무릎 84

마당에서 자라는 약초

하얀 꽃

개맨드라미 34

봉선화 71

자리공 104

노란 꽃

수세미오이 85

원추리 97

빨간 꽃

개맨드라미 34

봉선화 71

작약 105

접시꽃 108

보라 꽃

나팔꽃 46

물가에서 자라는 약초

하얀 꽃

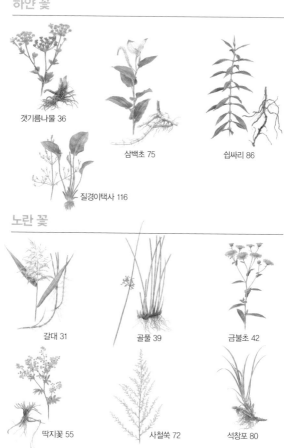

갯기름나물 36

삼백초 75

쉽싸리 86

질경이택사 116

노란 꽃

갈대 31

골풀 39

금불초 42

딱지꽃 55

사철쑥 72

석창포 80

호장근 133

빨간 꽃

익모초 100

향부자 130

보라 꽃

가시연꽃 30

박하 65

자란 103

패랭이꽃 126

풀빛 꽃

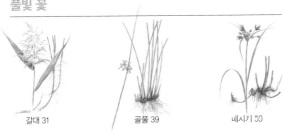

갈대 31

골풀 39

메시기 50

우리 땅에 나는 약초

약재 이름 검인

분류 수련과
꽃 피는 때 7~8월
열매 맺는 때 10월
약으로 쓰는 곳 열매
거두는 때 가을

가시연꽃 *Euryale ferox*

가시연꽃은 널따란 늪이나 못에서 사는 한해살이 물풀이다. 가시가 잔
뜩 난 연꽃이라고 '가시연꽃'이다. 남쪽 지방에서 자라는데, 지금은 우
포늪에서만 겨우 볼 수 있다. 잎은 쭈글쭈글하고 잎맥과 꽃대에 가시
가 있다. 가을에 잘 익은 열매를 따서 딱딱한 열매 껍데기를 두드려 씨
만 빼낸 뒤 햇볕에 잘 말려 약으로 쓴다. 씨를 물에 넣고 달여 먹거나 빻
아서 먹거나 알약을 만들어 먹는다. 몸을 튼튼하게 하고 설사를 멈추게
하고 허리와 무릎이 저리고 아픈 것을 고친다.

약재 이름 노근

분류 벼과
키 2~3m
꽃 피는 때 9월
열매 맺는 때 늦가을
약으로 쓰는 곳 뿌리줄기
거두는 때 가을, 봄

갈대 갈, 갈풀, 갈삐럭이 *Phragmites communis*

갈대는 강가나 냇가, 갯벌, 연못에서 우거져 자라는 여러해살이풀이다.
억새와 닮았는데 억새는 메마른 땅에서 자란다. 봄이나 가을에 뿌리를
캐서 햇볕에 잘 말린 뒤 약으로 쓴다. 열이 많이 날 때 갈대 뿌리를 달여
먹으면 열이 내린다. 몸이 붓거나 자주 목마를 때, 더러운 물에 사는 물
고기나 게를 먹고 중독속에 중독되었을 때, 술을 많이 먹고 탈이 났을
때 달인 물을 먹어도 좋다. 몸이 찬 사람한테는 안 좋다.

약재 이름 감국

분류 국화과
키 60~150cm
꽃 피는 때 6~11월
열매 맺는 때 10~11월
약으로 쓰는 곳 꽃
거두는 때 늦가을

감국 들국화, 단국화, 요리국 *Dendranthema indicum*

감국은 산기슭이나 집 둘레나 밭둑에 많이 피는 여러해살이풀이다. 줄기에 하얀 털이 났다. 늦가을에 꽃을 따서 끓는 물에 살짝 데쳐 그늘에 말린 뒤 물에 달여 먹는다. 열을 내리고 독을 풀고 간이 튼튼해지고 눈도 밝아진다. 감기에 걸려 열이 나면서 머리가 아플 때 먹으면 좋다. 눈이 빨갛게 충혈되었을 때에는 달인 물로 눈을 씻어준다. 종기나 부스럼에는 꽃을 생으로 짓찧어서 붙이면 잘 낫는다. 또 감국 우린 물로 머리를 감으면 비듬이 없어지고 머리카락이 튼튼해진다.

약재 이름 감초

분류 콩과
키 100cm
꽃 피는 때 6~7월
열매 맺는 때 가을
약으로 쓰는 곳 뿌리
거두는 때 가을, 봄

감초 미초, 국노 *Glycyrrhiza uralensis*

감초는 북녘이나 중국, 시베리아에서 자라는 여러해살이풀이다. 한약을 지을 때 안 빠지고 들어간다. 감초는 모든 약 성질이 서로 잘 어울리게 만든다. 열 내는 약은 열을 덜 내게 하고, 거꾸로 너무 차게 하는 약은 찬 기운이 줄어들게 한다. 감초 달인 물은 소화가 잘 안 될 때나 마른기침을 자주 할 때 먹으면 좋다. 또 열을 내리고 몸에 쌓인 독을 풀어 준다. 아토피피부염에는 쑥과 감초를 함께 달여 목욕을 하면 좋다.

약재 이름 청상자

분류 비름과
키 40~80cm
꽃 피는 때 7~8월
열매 맺는 때 8~9월
약으로 쓰는 곳 씨
거두는 때 8~10월

개맨드라미 들맨드라미^북 *Celosia argentea*

개맨드라미는 마당에 심어 기르는 한해살이풀이다. 따뜻한 남부 지방
과 제주도에서 자란다. 잎은 버들잎처럼 갸름하다. 여름에 붓처럼 생긴
발그레한 꽃이 핀다. 가을 들머리에 동그란 열매가 달리고 열매 위쪽이
떨어지면서 까만 씨가 나온다. 가을에 씨를 털어서 볕에 말린 뒤 물에
달여 마신다. 간에 생긴 열을 풀고 눈이 아프고 머리가 어지러울 때, 몸
이 가려울 때 마시면 좋다. 눈병이 나면 달인 물로 눈을 씻는다. 살갗에
부스럼이 나거나 피가 날 때는 잎과 줄기를 짓찧어 붙이면 낫는다.

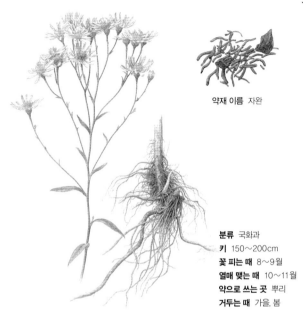

약재 이름 자완

분류 국화과
키 150~200cm
꽃 피는 때 8~9월
열매 맺는 때 10~11월
약으로 쓰는 곳 뿌리
거두는 때 가을, 봄

개미취 탱알, 자원, 돼지나물 *Aster tataricus*

개미취는 산속 풀밭이나 골짜기에서 자라는 여러해살이풀이다. 꽃대에 하얀 잔털이 개미처럼 다닥다닥 붙어 있다고 '개미취'다. 이름에 '취'가 붙은 풀은 다 먹을 수 있다. 이른 봄에 올라온 순을 따서 나물로 먹는다. 가을이나 봄에 뿌리를 캐서 그늘에 말려 약으로 쓴다. 뿌리꼭지를 떼어 내고 잘게 썰어 물에 달여 먹는다. 천식이나 가래, 기침감기에 좋다. 만성 기관지염이나 폐렴에도 약으로 쓴다.

분류 산형과
키 60~100cm
꽃 피는 때 6~8월
열매 맺는 때 9월
약으로 쓰는 곳 뿌리
거두는 때 가을, 봄

갯기름나물 미역방풍, 목단방풍 *Peucedanum japonicum*

갯기름나물은 바닷가 모래밭이나 바위틈에서 자라는 여러해살이풀이
다. 따뜻한 남쪽 바닷가나 울릉도, 제주도에서 난다. 온몸에 흰 더께가
낀 것처럼 희끄무레하다. 잎자루가 긴데 잎자루 밑동이 줄기를 감싸 안
는다. 인삼 뿌리처럼 굵은 뿌리가 뻗다가 잔뿌리로 휘뚜루마뚜루 갈라
진다. 봄가을에 캐서 볕에 말린 뒤 잘게 썰어 물에 달여 먹는다. 감기
에 걸려 열이 나고 머리가 아프고 몸이 욱신거릴 때 먹으면 좋다. 습진이
생긴 살갗을 달인 물로 닦으면 잘 낫는다.

약재 이름 결명자

분류 콩과
키 50~150cm
꽃 피는 때 6~8월
열매 맺는 때 가을
약으로 쓰는 곳 씨
거두는 때 가을

결명자 긴강남차, 천리광, 환동자 *Senna tora*

결명자는 밭에 심어 기르는 한해살이풀이다. '눈을 밝게 하는 씨앗'이라는 뜻이다. 오래전부터 약으로 쓰려고 심어 길렀다. 꽃이 지면 활처럼 휜 꼬투리가 열린다. 꼬투리 속에 씨가 한 줄로 들어 있다. 가을에 포기째 베어 볕에 말린 뒤 씨를 털어 낸다. 한 번 볶아서 달이거나 가루를 내어 먹는다. 눈을 밝게 해서 야맹증에 좋다. 위와 간을 튼튼하게 하고 혈압을 낮춘다. 머리가 자주 아픈 사람은 베개에 결명자를 넣어 베고 자면 머리가 맑아지고 개운해진다.

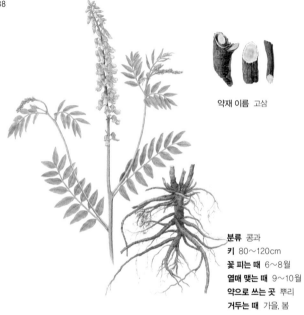

약재 이름 고삼

분류 콩과
키 80~120cm
꽃 피는 때 6~8월
열매 맺는 때 9~10월
약으로 쓰는 곳 뿌리
거두는 때 가을, 봄

고삼 능암^북, 도둑놈의지팡이 *Sophora flavescens*

고삼은 볕이 잘 드는 길가나 산기슭, 풀밭에서 자라는 여러해살이풀이
다. 굵은 줄기가 나무처럼 뻗는다. 잎이 많이 달려서 줄기가 활처럼 휜
다. 가을에 콩꼬투리 같은 열매가 달린다. 뿌리를 약으로 쓰는데 머리가
핑 돌 정도로 쓰다. 몸이 약하거나 위와 장이 약한 사람, 아기를 가진 엄
마는 안 먹는 게 좋다. 쓴맛을 잘 참고 먹으면 위가 튼튼해지고 기생충
을 없앤다. 변비에도 좋다. 열을 내리고 오줌을 잘 누게 한다. 달인 물로
습진이나 종기나 옴, 불에 덴 곳을 씻으면 잘 낫는다.

약재 이름 등심초

분류 골풀과
키 25~100cm
꽃 피는 때 6~7월
열매 맺는 때 7~8월
약으로 쓰는 곳 줄기
거두는 때 6~7월

골풀 등심초, 골 *Juncus effusus* var. *decipiens*

골풀은 풀밭, 강가, 논둑에서 자란다. 축축한 곳을 좋아하는 여러해살이풀이다. 땅속에서 뿌리줄기가 옆으로 뻗어서 여러 포기가 자란다. 줄기는 매끈하고 속이 꽉 찼다. 줄기 끝에 꽃이 핀다. 꽃 뭉치 위로 꽃을 감싸는 잎이 쭉 올라와서 꼭 줄기 옆구리에 꽃이 핀 것 같다. 꽃이 필 때쯤 풀 줄기를 베어 겉껍질을 벗기고 속살을 뽑아서 볕에 말린다. 썰어서 늘새 달여 마시면 오줌이 잘 나오고 몸에 부기가 빠지고 열이 내린다. 가슴이 뛰어 잠을 못 이룰 때 먹어도 좋다.

약재 이름 관중

분류 면마과
키 100cm 안팎
약으로 쓰는 곳 뿌리
거두는 때 이른 봄, 가을

관중 범고비^북 *Dryopteris crassirhizoma*

관중은 깊은 산속에서 자라는 여러해살이풀이다. 눅눅하고 그늘진 곳에서 우거지는데 고사리 잎과 닮았다. 줄기는 따로 없다. 꽃과 열매는 없고 홀씨로 퍼진다. 잎 뒤쪽에 홀씨주머니가 두 줄로 늘어선다. 뿌리는 새끼줄을 꼬아 놓은 것처럼 얽혀 있고 잔 실뿌리가 잔뜩 났다. 가을이나 이른 봄에 뿌리를 캐서 볕에 잘 말린 뒤 잘게 썰어서 물에 달여 먹는다. 몸속 기생충을 없애고 열을 내리고 독을 푼다. 홍역이나 뇌염, 폐렴 같은 병도 낫게 한다. 아기를 가진 엄마나 위가 약한 사람은 먹지 않는다.

약재 이름 구절초

분류 국화과
키 50cm 안팎
꽃 피는 때 9~11월
열매 맺는 때 10~11월
약으로 쓰는 곳 뿌리를 뺀 풀 전체
거두는 때 가을

구절초 들국화 *Dendranthema zaxadskii* var. *latilobum*

구절초는 볕이 잘 드는 산속 풀밭에서 자라는 여러해살이풀이다. 쑥부
쟁이, 개미취, 감국과 함께 들국화라고 한다. 땅속줄기가 옆으로 뻗으면
서 무더기로 자란다. 잎은 깊게 갈라진다. 꽃은 서리가 내릴 때쯤 핀다.
다른 들국화보다 큰 꽃이 가지 끝에 하나씩 핀다. 음력 9월 9일에 베어
다 그늘에서 말린 뒤 약으로 쓴다. 손발이 차고 아랫배가 차서 배가 아
플 때, 아기를 낳은 뒤 몸이 아플 때 달여 먹는다. 감기나 몸살, 소화가
안 될 때 먹어도 좋다.

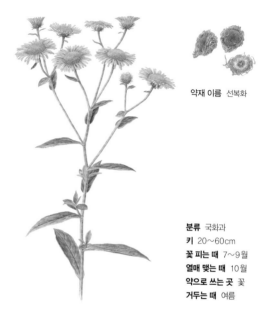

약재 이름 선복화

분류 국화과
키 20~60cm
꽃 피는 때 7~9월
열매 맺는 때 10월
약으로 쓰는 곳 꽃
거두는 때 여름

금불초 들국화, 하국 *Inula britannica* var. *japonica*

금불초는 강가 풀밭이나 논둑에서 자라는 여러해살이풀이다. 눅눅한
땅을 좋아한다. 땅속으로 뿌리줄기가 옆으로 길게 뻗는다. 뿌리잎은 뭉
쳐나고 줄기잎은 어긋난다. 잎자루가 없다. 한여름부터 노란 꽃이 핀다.
꽃이 활짝 폈을 때 따다가 그늘에서 말려 약으로 쓴다. 말린 꽃을 물에
달여 차처럼 마신다. 가래가 있고 기침이 날 때, 숨이 가쁠 때 마시면 좋
다. 소화가 안 되고 욕지기나 트림이 나고 속이 더부룩할 때 먹어도 잘
낫는다.

약재 이름 모황련

분류 매자나무과
키 20cm 안팎
꽃 피는 때 4~5월
열매 맺는 때 6월
약으로 쓰는 곳 뿌리
거두는 때 가을, 이른 봄

깽깽이풀 산련풀[북], 황련 *Jeffersonia dubia*

깽깽이풀은 산속 그늘에서 드물게 자라는 여러해살이풀이다. 중부지방 보다 북쪽에서 난다. 잎보다 꽃대가 먼저 올라 사오월에 보라색 꽃이 활짝 핀다. 줄기는 없고 뿌리에서 긴 잎자루가 나온다. 잎은 꼭 연잎처럼 생겼다. 뿌리를 약으로 쓰는데 가느다란 수염뿌리가 서로 얽혀서 뻗는다. 가을이나 이른 봄에 캐서 그늘에 말려 물에 달여 먹는다. 위가 튼튼해지고, 소화가 잘 안 되거나 입맛이 없을 때, 물똥을 쌀 때 먹으면 좋다. 약으로 먹을 때는 돼지고기나 찬물을 먹으면 안 된다.

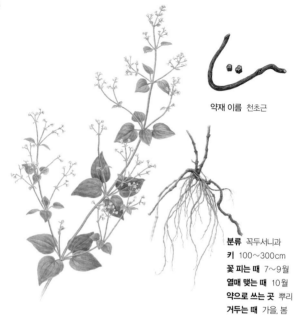

약재 이름 천초근

분류 꼭두서니과
키 100~300cm
꽃 피는 때 7~9월
열매 맺는 때 10월
약으로 쓰는 곳 뿌리
거두는 때 가을, 봄

꼭두서니 가삼자리, 갈퀴잎 *Rubia akane*

꼭두서니는 산기슭이나 빈터, 길가에서 자라는 여러해살이풀이다. 그늘진 곳을 좋아한다. 옛날부터 꼭두서니를 우려낸 물로 옷감에 빨간 물을 들였다. 줄기는 덩굴지며 네모나다. 모난 곳에 잔가시가 나서 다른 나무를 타고 오른다. 잎에 잎맥이 뚜렷하게 보인다. 뿌리를 약으로 쓰는데 마디가 있고 불그스름하다. 코피가 나거나 오줌이나 똥에 피가 섞여 나올 때, 피멍이 들었을 때 썼다. 요즘은 암을 일으킨다고 해서 약으로 안 쓴다.

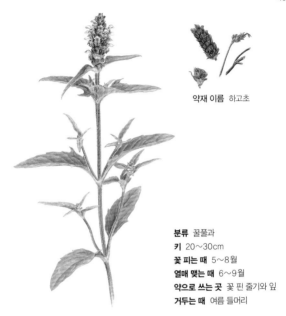

약재 이름 하고초

분류 꿀풀과
키 20~30cm
꽃 피는 때 5~8월
열매 맺는 때 6~9월
약으로 쓰는 곳 꽃 핀 줄기와 잎
거두는 때 여름 들머리

꿀풀 꿀방망이 *Prunella vulgaris* var. *lilacina*

꿀풀은 볕이 잘 드는 산기슭에 많이 자라는 여러해살이풀이다. 길섶이
나 풀밭에서도 볼 수 있다. 꽃에 꿀이 많아서 '꿀풀'이다. 줄기에는 흰
털이 있고 모가 졌다. 가지를 잘 안 친다. 줄기 끝에 자줏빛 꽃이 방망이
처럼 모여서 핀다. 여름 들머리 즈음 꽃이 필 때 줄기째 베어다 그늘에
말려 약으로 쓴다. 간에 쌓인 독을 풀고 염증을 없앤다. 위나 콩팥, 오줌
보에 염증이 생겼을 때도 먹는다. 혈압을 낮추고 암을 고치는 약으로도
쓴다. 물에 달여 먹거나 가루를 내어 먹는다.

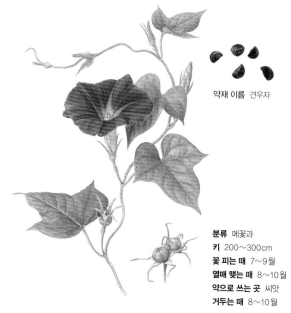

약재 이름 견우자

분류 메꽃과
키 200~300cm
꽃 피는 때 7~9월
열매 맺는 때 8~10월
약으로 쓰는 곳 씨앗
거두는 때 8~10월

나팔꽃 금령이, 견우화 *Pharbitis nil*

나팔꽃은 꽃밭이나 길가에 심어 기르는 한해살이 덩굴풀이다. 가는 줄기가 시계 방향으로 다른 물체를 감고 오른다. 줄기에 하얀 털이 빽빽하다. 아침 일찍 꽃이 피고 볕이 뜨거운 낮에 시든다. 꽃이 지면 까만 씨앗이 든 열매를 맺는다. 여문 씨를 받아 볕에 말린 뒤 달이거나 가루를 내서 약으로 쓴다. 똥을 무르게 하고 오줌을 잘 나오게 하고 기생충을 없앤다. 씨앗에 독이 있어서 조심해야 한다. 아기를 가진 엄마나 위가 약한 사람은 먹으면 안 된다.

약재 이름 녹제초

분류 노루발풀과
키 15~30cm
꽃 피는 때 6~7월
열매 맺는 때 9월
약으로 쓰는 곳 풀 전체
거두는 때 꽃 필 때

노루발 애기노루발 *Pyrola japonica*

노루발은 산속 그늘진 곳에서 자라는 늘푸른 여러해살이풀이다. 꽃이 노루 발굽을 닮았다고 '노루발'이다. 뿌리는 땅속에서 옆으로 길게 뻗는다. 뿌리 마디에서 싹이 돋아 여러 포기가 모여 자란다. 뿌리에서 곧장 잎이 난다. 여름 들머리에 꽃대가 쑥 올라와 하얀 꽃이 땅을 보고 핀다. 꽃이 필 때 뿌리째 캐서 볕에 말린 뒤 약으로 쓴다. 잇몸이 붓거나, 목이 부을 때, 가래가 나올 때 달인 물로 입을 헹구면 좋다. 땀띠가 나거나 풀독이 올랐을 때 달인 물을 바른다.

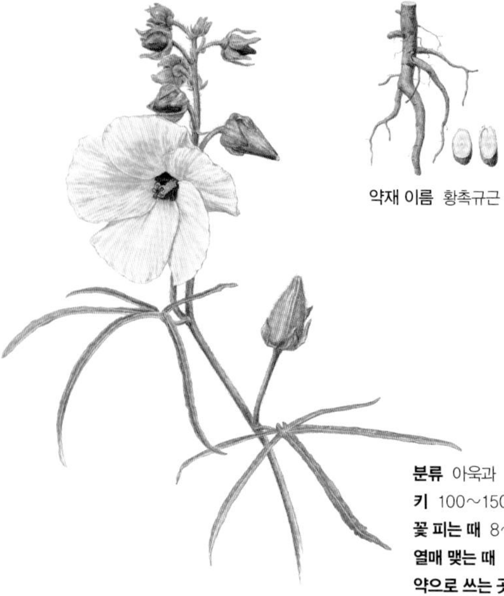

약재 이름 황촉규근

분류 아욱과
키 100~150cm
꽃 피는 때 8~9월
열매 맺는 때 10월
약으로 쓰는 곳 뿌리
거두는 때 가을

닥풀 황촉규, 당촉규화 *Hibiscus manihot*

닥풀은 밭에서 기르는 한해살이풀이다. 닥나무로 한지를 만들 때 닥풀 뿌리에서 나오는 점액을 풀로 썼다. 줄기가 곧추 자라고 가지에는 털이 잔뜩 났다. 잎은 손가락 모양으로 깊게 갈라진다. 꽃잎은 선풍기 날개처럼 휘도는 모습이다. 가을에 뿌리를 캐서 약으로 쓴다. 물로 씻어서 겉 껍질을 벗긴 뒤 볕에 말린다. 뿌리에서 나오는 점액이 위염이나 위궤양에 좋다. 목이 붓거나 아플 때는 달인 물을 먹는다. 씨앗은 가루를 내거나 달여 먹는데 오줌이 잘 나오게 하고 엄마 젖도 잘 나오게 한다.

약재 이름 단삼

분류 꿀풀과
키 40~80cm
꽃 피는 때 5~6월
열매 맺는 때 8~9월
약으로 쓰는 곳 뿌리
거두는 때 가을

단삼 *Salvia miltiorhiza*

단삼은 약으로 쓰려고 중국에서 들여와 밭에 심어 기르는 여러해살이 풀이다. 뿌리가 인삼을 닮았고 빛깔이 빨갛다고 '단삼'이다. 줄기는 네 모나고 온몸에 털이 나서 까끌까끌하다. 오뉴월 보랏빛 꽃이 피는데 수 술이 코털처럼 길게 삐져나온다. 가을에 뿌리를 캐서 잘 말린 뒤 물에 달여 먹으면 피를 잘 돌게 하고 달거리를 고르게 한다. 또 고름을 빼내 고 새살이 돋게 한다. 멍이 들거나 뼈마디가 아플 때 먹어도 좋다. 가슴 이 답답하고 잠이 안 올 때 먹으면 마음이 편안해진다.

약재 이름 학슬

분류 국화과
키 50~100cm
꽃 피는 때 8~9월
열매 맺는 때 10~11월
약으로 쓰는 곳 씨, 풀 전체
거두는 때 가을

담배풀 담배나물 *Carpesium abrotanoides*

담배풀은 산기슭이나 숲 가장자리에서 자라는 두해살이풀이다. 잎이 담뱃잎을 닮았다고 '담배풀'이다. 뿌리에서 잎이 수북이 모여나고 줄기를 따라 어긋난다. 온몸에 털이 났고 특이한 냄새가 난다. 한여름에 잎 겨드랑이에서 작고 노란 꽃이 핀다. 가을에 길쭉한 씨가 여무는데 사람 옷이나 짐승 털에 잘 달라붙는다. 가을에 씨를 털어서 볕에 말려 기생충을 없애는 약으로 쓴다. 뿌리째 뽑아서 물에 달여 먹으면 목이 붓고 아프거나 부스럼이 날 때 좋다.

약재 이름 창이자

분류 국화과
키 150cm 안팎
꽃 피는 때 8~9월
열매 맺는 때 10월
약으로 쓰는 곳 열매
거두는 때 가을

열매

도꼬마리 양부래, 도인두 *Xanthium strumarium*

도꼬마리는 길가나 빈터, 들판에 흔히 자라는 한해살이풀이다. 줄기와
잎에는 흰 덜이 나 있는데 손으로 만지면 까칠까칠하다. 가을에 달걀꼴
열매가 달리는데 가시가 잔뜩 났고 갈고리처럼 휘어서 사람 옷이나 짐
승 털에 잘 달라붙는다. 열매를 물에 달이거나 가루를 내어 약으로 쓴
다. 열이 나고 감기에 걸렸을 때, 코가 막혔을 때, 이가 아플 때 먹는다.
오래 먹으면 힘이 나고 귀와 눈이 밝아진다. 살갗이 가렵고 버짐 핀 데
줄기와 잎을 짓찧어 즙을 바르면 좋다.

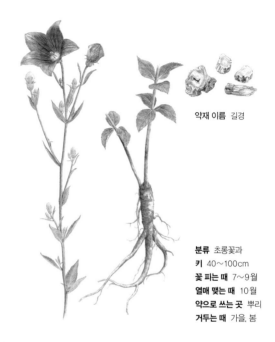

약재 이름 길경

분류 초롱꽃과
키 40~100cm
꽃 피는 때 7~9월
열매 맺는 때 10월
약으로 쓰는 곳 뿌리
거두는 때 가을, 봄

도라지 도래, 백약 *Platycodon grandiflorum*

도라지는 볕이 잘 드는 산과 들에서 자라는 여러해살이풀이다. 밭에서 많이 기른다. 여름부터 가지 끝에 보랏빛 꽃이 핀다. 하얀 꽃이 피면 '백도라지'다. 뿌리를 반찬으로 먹고 약으로도 쓴다. 오래 묵은 도라지는 인삼 버금가는 약효가 있다. 생김새도 인삼을 닮았다. 5년 넘게 커야 약효가 좋다. 감기에 걸려 열이 나고 기침을 하고 가래가 끓을 때 물에 달여 먹는다. 가슴이 답답하고 목이 아프고 쉬었을 때, 폐렴이나 폐결핵에 걸렸을 때, 물똥을 쌀 때 먹어도 잘 낫는다.

동과자 (씨)

동과(열매)

약재 이름

분류 박과
키 300~400cm
꽃 피는 때 7~8월
열매 맺는 때 10월
약으로 쓰는 곳 열매, 씨
거두는 때 가을

동아 동과, 백동과 *Benincasa cerifera*

동아는 밭에 심어 기르는 한해살이 덩굴풀이다. 가을에 애호박처럼 길
쭉한 열매가 달린다. 처음엔 풀빛인데 서리를 맞으면 하얀 분이 낀다. 열
매가 익으면 껍질을 벗겨 속살을 얇게 썰어서 볕에 말리고, 씨도 말려서
약으로 쓴다. 열을 내리고 담을 삭이고 고름을 빼내고 오줌이 잘 나오게
한다. 몸이 붓거나 기침이 나고 가래가 끓을 때, 종기가 났을 때 먹는다.
치질에 걸렸을 때 달인 물로 씻으면 좋다. 씨를 빻아 꿀에 개어 얼굴에
바르면 주근깨가 없어진다.

약재 이름 현호색

분류 현호색과
키 15cm 안팎
꽃 피는 때 4월
열매 맺는 때 6~7월
약으로 쓰는 곳 덩이줄기
거두는 때 여름

들현호색 꽃나물 *Corydalis ternata*

들현호색은 산기슭이나 논둑, 밭둑에서 나는 여러해살이풀이다. 땅속
덩이줄기를 약으로 쓰는데, 들현호색과 닮은 현호색, 애기현호색, 댓잎
현호색, 갈퀴현호색도 약으로 쓴다. 땅속 덩이줄기에서 뿌리가 나와 뻗
으며 또 다른 덩이줄기가 줄줄이 달린다. 여름에 잎이 말라 죽으면 덩이
줄기를 캐서 약으로 쓴다. 배나 머리나 허리나 뼈마디가 아플 때, 달거리
로 배가 아플 때 먹으면 좋다. 몸에 경련이 일어나거나 멍이 들었을 때도
먹는다. 혈압을 낮추는 힘도 있다.

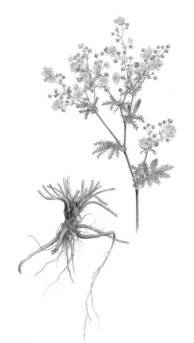

약재 이름 위릉채

분류 장미과
키 30~60cm
꽃 피는 때 6~7월
열매 맺는 때 7~8월
약으로 쓰는 곳 풀 전체
거두는 때 가을, 봄

딱지꽃 갯딱지 *Potentilla chinensis* var. *chinensis*

딱지꽃은 들판이나 개울가, 산기슭에서 흔히 자라는 여러해살이풀이다. 잎이 땅바닥에 납작 붙는다고 '딱지꽃'이다. 뿌리에서 줄기가 여러대 나와 비스듬히 큰다. 잎줄기에 길쭉한 쪽잎이 여러 장 달린다. 가을이나 이른 봄에 뿌리째 캐서 볕에 말린 뒤 물에 달여 먹는다. 똥오줌에 피가 섞여 나오거나 코피가 날 때 먹으면 좋다. 열을 내리고 독을 풀고 설사를 멎게 한다. 어린순이나 뿌리는 나물 반찬으로 자주 먹으면 힘이 나고 밥맛이 좋아지고 위장이 튼튼해진다.

약재 이름 편축

분류 마디풀과
키 30~40cm
꽃 피는 때 6~7월
열매 맺는 때 9~10월
약으로 쓰는 곳 뿌리를 뺀 풀 전체
거두는 때 여름

마디풀 돼지풀 *Polygonum aviculare*

마디풀은 길가나 볕이 잘 드는 빈터에 흔히 자라는 한해살이풀이다. 줄기에 마디가 졌다고 '마디풀'이다. 줄기가 옆으로 비스듬히 퍼지면서 가지를 많이 친다. 여름 들머리에 잎겨드랑이에서 꽃이 핀다. 꽃이 필 때 베어 볕에 잘 말린 뒤 잘게 썰어서 물에 달여 먹는다. 생풀을 짓찧어 즙을 먹기도 한다. 오줌을 잘 누게 하고 오줌보나 오줌길에 염증이 생기거나 피오줌을 눌 때 먹으면 좋다. 회충이 있거나 치질에 걸렸을 때도 먹는다. 습진이 생겼을 때 달인 물로 살갗을 씻어도 좋다.

약재 이름 패장

분류 마타리과
키 60~150cm
꽃 피는 때 7~9월
열매 맺는 때 9~10월
약으로 쓰는 곳 뿌리
거두는 때 가을

마타리 가얌취 *Patrinia scabiosaefolia*

마타리는 볕이 잘 드는 산과 들에서 자라는 여러해살이풀이다. 뿌리줄기가 굵고 옆으로 뻗는다. 뿌리에서 잎이 수북이 모여나고 줄기가 나온다. 줄기는 곧게 자란다. 가을에 뿌리를 캐서 볕에 말린 뒤 잘게 썰어서 달여 먹는다. 피를 잘 돌게 하고 뭉친 피를 푼다. 또 고름을 빼고 열을 내린다. 맹장이 곪아 배가 아플 때, 아기를 낳은 뒤 배가 줄곧 아플 때 먹으면 좋다. 달인 물로 눈을 씻으면 눈병이 낫는다. 살갗에 난 고름이나 옴, 종기에는 뿌리를 짓찧어 붙인다.

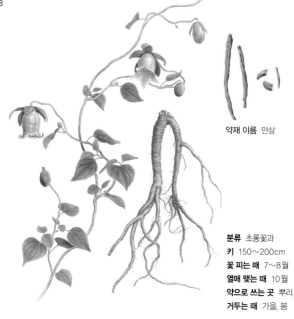

약재 이름 만삼

분류 초롱꽃과
키 150~200cm
꽃 피는 때 7~8월
열매 맺는 때 10월
약으로 쓰는 곳 뿌리
거두는 때 가을, 봄

만삼 삼승더덕 *Codonopsis pilosula*

만삼은 깊은 산속에서 자라는 여러해살이 덩굴풀이다. 더덕과 생김새
와 냄새가 비슷하다. 가느다란 철사 같은 줄기가 다른 나무나 물체를 감
고 오른다. 온몸에 잔털이 잔뜩 나 있다. 뿌리를 약으로 쓰는데 어린아
이 팔 길이만큼 땅속으로 깊이 뻗는다. 오래된 만삼 뿌리는 인삼에 버금
갈 정도로 약효가 좋다. 면역력을 높이고 혈압을 낮추고 위를 튼튼하게
한다. 기운이 없고 허약할 때, 오래 앓아누웠을 때, 입맛이 없고 소화가
안 될 때, 오랫동안 기침을 하고 가래가 끓을 때 먹으면 좋다.

약재 이름 형삼릉

분류 사초과
키 80~150cm
꽃 피는 때 7~10월
열매 맺는 때 10월
약으로 쓰는 곳 덩이줄기
거두는 때 가을, 봄

매자기 매재기 *Scirpus maritimus*

매자기는 연못이나 늪 가장자리, 논둑에서 잘 자라는 여러해살이풀이다. 땅속에 있는 덩이줄기에서 아기 손가락만 한 뿌리줄기가 옆으로 뻗는다. 덩이줄기에서 줄기가 올라오는데 대궁이 세모나다. 잎은 벼 잎처럼 길쭉한데 능청능청 흰다. 봄가을에 덩이줄기를 캐서 약으로 쓴다. 물에 달여 먹으면 기운이 나고 피가 잘 돌고 아픔이 멎는다. 아기 낳은 엄마가 배가 줄곧 아프고 피가 안 멎을 때 먹으면 좋다. 젖이 잘 안 나오거나 소화가 안 될 때도 먹는다. 아기를 가진 엄마는 먹으면 안 된다.

약재 이름 맥문동

분류 백합과
키 30~50cm
꽃 피는 때 5~8월
열매 맺는 때 10~11월
약으로 쓰는 곳 뿌리
거두는 때 가을, 봄

맥문동 겨우살이풀 *Liriope platyphylla*

맥문동은 산기슭이나 숲 속 그늘에서 자라는 늘푸른 여러해살이풀이다. 뿌리줄기가 땅속으로 구불구불 뻗다가 땅콩처럼 덩어리진다. 꽃이피기 전이나 지고 난 뒤 뿌리를 캐서 살찐 덩어리를 약으로 쓴다. 덩어리 안에 있는 단단한 심을 빼고 볕에 말린다. 노르스름하고 말랑말랑하게 마른 약재를 물에 달여 먹는다. 몸이 허약할 때, 가래나 기침이 나올때, 목이 아프거나 입안이 마를 때, 폐결핵, 당뇨병에 약으로 쓴다. 또심장을 튼튼하게 하고 혈압도 낮춘다.

약재 이름 제니

분류 초롱꽃과
키 40~100cm
꽃 피는 때 8~9월
열매 맺는 때 10월
약으로 쓰는 곳 뿌리
거두는 때 가을, 봄

모시대 모시잔대^북 *Adenophora remotiflora*

모시대는 산속 그늘지고 눅눅한 곳에서 자라는 여러해살이풀이다. 잎이 모시풀처럼 생겨서 '모시대'라고 한다. 가지를 거의 안 치고 줄기가 단단하게 곧추선다. 가을이나 이른 봄에 뿌리를 캐서 볕에 말려 약으로 쓴다. 물에 달여 먹거나 뿌리를 짓찧어 곪은 곳에 붙이기도 한다. 약물에 중독되거나 식중독에 걸렸을 때, 뱀에 물리거나 벌레에 쏘였을 때 먹으면 좋다. 기침이 나고 가래가 끓고 목이 아플 때, 열이 나고 목이 탈 때도 먹는다.

약재 이름 저마근

분류 쐐기풀과
키 100~200cm
꽃 피는 때 7~8월
열매 맺는 때 9~10월
약으로 쓰는 곳 뿌리
거두는 때 가을

모시풀 남모시 *Boehmeria nivea*

모시풀은 밭에서 기르는 여러해살이풀이다. 본디 동남아시아에서 자라는 풀인데 줄기에서 실을 뽑으려고 들여와 삼국시대부터 길렀다. 어른 키를 훌쩍 넘게 큰다. 온몸에 잔털이 났고 뿌리 가까이는 나무처럼 딱딱하다. 뿌리는 오징어 다리처럼 여러 갈래로 갈라져서 뻗는다. 가을에 뿌리를 캐서 약으로 쓴다. 열을 내리고 독을 풀고 피를 멎게 한다. 내장에서 피가 날 때, 오줌이 안 나올 때, 열이 나서 살갗에 열꽃이 피고 부스럼이 날 때도 먹는다.

약재 이름 토목향

분류 국화과
키 80~200cm
꽃 피는 때 7~8월
열매 맺는 때 가을
약으로 쓰는 곳 뿌리
거두는 때 가을

목향 밀향 *Inula helenium*

목향은 밭에서 기르는 여러해살이풀이다. 생김새가 나무 같고 좋은 냄새가 난다고 한자말로 '목향'이다. 어른 키를 훌쩍 넘어 자라기도 한다. 가지를 많이 치고 온몸에 털이 잔뜩 났다. 여름에 노란 꽃이 줄기나 가지 끝에 핀다. 가을에 뿌리를 캐서 볕에 말린 뒤 물에 달여 약으로 쓴다. 아픈 것을 낮게 하고 나쁜 병균을 없앤다. 또 혈압을 낮추고 위를 튼튼하게 하고 가래를 삭인다. 배가 아프거나 토하거나 물똥을 쌀 때 먹으면 좋다. 목이 아프고 기침이 날 때도 먹는다.

약재 이름 포공영

분류 국화과
키 20~30cm
꽃 피는 때 3~5월
열매 맺는 때 5~6월
약으로 쓰는 곳 풀 전체
거두는 때 봄부터 여름

민들레 포공초 *Taraxacum platycarpum*

민들레는 길가나 논밭 어디서나 보는 여러해살이풀이다. 대부분 서양
민들레다. 서양민들레는 꽃받침이 뒤로 젖혀지고, 토박이 민들레는 꽃
받침이 꽃을 감싼다. 뿌리에서 바로 잎이 나온다. 봄에 긴 꽃대가 쭉 올
라와서 노란 꽃이 핀다. 꽃이 피었을 때 뿌리째 캐서 약으로 쓴다. 열을
내리고 기침을 멎게 하고 가래를 삭인다. 몸속에 쌓인 독도 풀어 준다.
아기를 낳은 엄마가 젖이 안 나올 때 먹어도 좋다. 곪거나 부스럼이 생겼
을 때 잎을 짓찧어 붙이면 잘 낫는다.

약재 이름 박하

분류 꿀풀과
키 50cm 안팎
꽃 피는 때 7~9월
열매 맺는 때 9월
약으로 쓰는 곳 뿌리를 뺀 풀 전체
거두는 때 여름

박하 승하 *Mentha piperascens*

박하는 도랑이나 물가처럼 축축한 곳을 좋아하는 여러해살이풀이다. 시원하고 알싸한 냄새가 난다. 뿌리줄기가 땅속으로 뻗으면서 줄기가 여러 대 무더기로 닌다. 한여름부터 가을 들머리까지 자잘한 보랏빛 꽃이 잎겨드랑이에 촘촘히 핀다. 꽃이 필 때 베어다가 그늘에서 말려 약으로 쓴다. 몸에 땀이 나게 해서 독을 푼다. 열이 날 때 먹으면 좋다. 소화가 안 될 때나 목구멍이 붓고 아플 때도 먹는다. 잎을 달인 물로 목욕을 하거나 차로 마시면 피로가 풀리고 신경통에도 좋다.

약재 이름 반하

분류 천남성과
키 30cm 안팎
꽃 피는 때 5~7월
열매 맺는 때 8~10월
약으로 쓰는 곳 덩이뿌리
거두는 때 가을

반하 끼무릇 *Pinellia ternata*

반하는 논밭 두렁이나 길섶, 산기슭에서 자라는 여러해살이풀이다. 밤톨 같은 알줄기에서 기다란 잎자루가 한두 줄기 나온다. 잎자루 끝에 잎이 석 장 모여난다. 잎줄기 아래 콩알만 한 알갱이가 맺히는데, 땅에 떨어지면 싹이 난다. 가을에 뿌리를 캐서 약으로 쓴다. 독이 있어서 그냥은 안 먹는다. 껍질을 벗기고 깨끗이 씻어 소금물에 우리거나 생강즙을 넣고 끓여서 속까지 익힌다. 그 뒤에 볕이나 불에 쬐어 말려서 잘게 썰어 달여 먹는다. 위염, 위궤양, 가래, 기침에 먹는다.

약재 이름 곽향

분류 꿀풀과
키 40~100cm
꽃 피는 때 7~9월
열매 맺는 때 9~10월
약으로 쓰는 곳 뿌리를 뺀 풀 전체
거두는 때 6~7월

배초향 방아풀^북, 깨풀 *Agastache rugosa*

배초향은 볕이 잘 드는 자갈밭, 들판, 길섶에서 자라는 여러해살이풀이
다. 솔향기나 깻잎 냄새가 난다. 줄기는 꼿꼿이 서다가 위쪽에서 가지를
많이 친다. 대를 만지면 네모나다. 여름부터 자줏빛 꽃이 오밀조밀 모여
꽃방망이처럼 핀다. 수술이 꽃 밖으로 길게 삐져나온다. 꽃이 필 때 베
어다 약으로 쓴다. 감기에 걸려 열이 나고 머리가 아플 때, 체해서 토하
거나 설사를 할 때 먹으면 좋다. 달인 물로 입을 헹구면 입 냄새가 가시
고, 무좀이나 부스럼이 난 살갗을 씻으면 좋다.

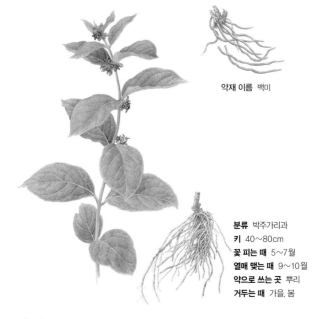

약재 이름 백미

분류 박주가리과
키 40~80cm
꽃 피는 때 5~7월
열매 맺는 때 9~10월
약으로 쓰는 곳 뿌리
거두는 때 가을, 봄

백미꽃 털백미꽃 *Cynanchum atratum*

백미꽃은 산기슭에 흔히 자라는 여러해살이풀이다. 뿌리가 하얗다고 '백미꽃'이다. 수염뿌리가 국수 가락처럼 잔뜩 뻗는다. 가지를 안 치고 줄기가 쑥 뻗어 올라간다. 몸에 부드러운 털이 났다. 봄부터 여름 들머리까지 자줏빛 꽃이 잎겨드랑이에 빙 둘러 핀다. 가을이나 이른 봄에 뿌리를 캐서 약으로 쓴다. 볕에 말린 뒤 잘게 썰어서 달여 먹는다. 맛은 조금 쓰다. 열이 날 때, 손발이 부을 때, 오줌 빛깔이 붉거나 오줌이 안 나올 때, 중풍이나 뇌출혈, 뇌경색으로 쓰러졌을 때 먹는다.

약재 이름 백선피

분류 운향과
키 90cm 안팎
꽃 피는 때 5~6월
열매 맺는 때 10월
약으로 쓰는 곳 뿌리껍질
거두는 때 가을, 봄

백선 검화^북, 북선피 *Dictamnus dasycarpus*

백선은 산기슭이나 산골짜기 볕이 잘 드는 곳에서 자라는 여러해살이 풀이다. 줄기는 가지를 안 치고 곧게 크고, 긴 잎자루에 작은 잎들이 마주 보고 달린다. 오뉴월에 줄기 끝에서 긴 꽃대가 올라와 발그레한 꽃이 핀다. 꽃대를 툭 치면 고약한 냄새가 난다. 가을이나 봄에 뿌리를 캐서 껍질을 벗긴 뒤 껍질만 볕에 말려 약으로 쓴다. 습진이나 두드러기, 옴, 부스럼, 종기에 껍질 우린 물을 바른다. 황달에 걸리거나 아기 낳은 뒤 엄마 배가 아플 때, 오줌이 시원하게 안 나올 때도 먹는다.

약재 이름 사간

분류 붓꽃과
키 100~150cm
꽃 피는 때 7~8월
열매 맺는 때 9~10월
약으로 쓰는 곳 뿌리줄기
거두는 때 가을, 봄

범부채 나비꽃 *Belamcanda chinensis*

범부채는 햇볕이 바짝 드는 산기슭이나 들판에서 자라는 여러해살이
풀이다. 꽃을 보려고 일부러 마당에 심기도 한다. 뿌리줄기가 옆으로 뻗
으면서 마디가 진다. 봄가을에 뿌리줄기를 캐서 볕에 말린 뒤 약으로 쓴
다. 잘게 썰어서 달여 마시면 목이 붓거나 쉴 때, 기침이 날 때 좋다. 또
입에서 냄새가 나거나 살갗에 부스럼이나 종기가 날 때도 쓴다. 씨앗을
달인 물로 눈이 아플 때 씻으면 잘 낫는다. 독이 조금 있어서 위가 약하
거나 아기를 가진 엄마는 먹지 않는다.

약재 이름 급성자

분류 봉선화과
키 60cm 안팎
꽃 피는 때 7~9월
열매 맺는 때 8월부터
약으로 쓰는 곳 씨
거두는 때 가을

봉선화 봉숭아 *Impatiens balsamina*

봉선화는 마당이나 울타리나 담장 밑에 심는 한해살이풀이다. 줄기는 곧고 잎은 버들잎 같다. 잎겨드랑이에 빨간색, 흰색, 분홍색 꽃이 핀다. 늦여름부터 달걀꼴 열매가 열리는데 다 여물면 손만 대도 톡 터져 누런 밤색 씨가 나온다. 가을에 씨를 털어서 껍질을 벗겨 말린 뒤 달여 먹으면 피가 잘 돌고 뼈마디 아픈 것이 낫는다. 손발톱 무좀, 습진, 벌레 물린 데 잎을 짓찧어 바르거나 씨를 가루 내서 바른다. 씨에 독이 있어서 아기를 가진 엄마는 먹으면 안 된다.

약재 이름 인진

분류 국화과
키 30~100cm
꽃 피는 때 8~9월
열매 맺는 때 가을
약으로 쓰는 곳 뿌리를 뺀 풀 전체
거두는 때 늦은 봄~여름 들머리

사철쑥 인진쑥 *Artemisia capillaris*

사철쑥은 바닷가나 강가 모래밭에서 자라는 여러해살이풀이다. 겨울에
도 안 죽고 사철 산다고 '사철쑥'이다. 줄기에서 가지를 많이 치며 수북
하게 큰다. 줄기 아래는 나무처럼 단단하다. 뿌리에서 잎이 나오다가 줄
기가 올라온다. 잎은 가느다란 실처럼 갈라진다. 꽃이 피기 전에 베어다
가 볕에 말린 뒤 잘게 썰어서 물에 달여 먹는다. 간이 나빠져서 얼굴이
누레지는 황달이 올 때 먹으면 좋다. 또 열을 내리고 혈압과 혈당을 낮
추고 오줌을 잘 누게 한다.

약재 이름 광자고

분류 백합과
키 15~30cm
꽃 피는 때 4~5월
열매 맺는 때 7~8월
약으로 쓰는 곳 알줄기
거두는 때 여름 들머리

산자고 까치무릇^북 *Tulipa edulis*

산자고는 산속 볕이 잘 드는 풀밭에서 자라는 여러해살이풀이다. 중부
지방 아래쪽에서 자란다. 동그란 알줄기에서 길쭉한 잎이 두 장 난다.
사오월 보리누름 때쯤 꽃대가 아이 무릎만치 올라와 하얀 꽃이 핀다. 둥
그스름한 알줄기를 약으로 쓴다. 잎이 시들 때 캐서 볕에 말린 뒤 물에
달여 먹는다. 멍이 들거나 몸속에 엉긴 피를 풀고 곪은 곳을 낫게 한다.
목이 부어서 아프거나 아기를 낳고 피가 뭉쳐 있을 때, 뼈마디가 붓고
아플 때 먹으면 좋다.

약재 이름 화마인

분류 삼과
키 100~300cm
꽃 피는 때 7~8월
열매 맺는 때 10월
약으로 쓰는 곳 씨
거두는 때 가을

삼 대마, 마 *Cannabis sativa*

삼은 줄기에서 실을 뽑으려고 심어 기르는 한해살이풀이다. 삼에서 실을 뽑아 짠 천을 '삼베'라고 한다. 줄기가 대나무처럼 곧게 자란다. 어른 키를 훌쩍 넘게 크기도 한다. 줄기는 모가 졌고 가운데에 골이 파였다. 한여름에 꽃이 피는데 암꽃과 수꽃이 따로 핀다. 씨를 말려서 약으로 쓴다. 똥이 굳어 안 나오거나 엄마 젖이 안 나올 때, 혈압이 높을 때 먹는다. 많이 먹으면 토하고 설사를 하며 온몸이 굳고 정신이 오락가락한다. 삼 잎과 꽃으로 마약을 만들어서 지금은 허가 없이 기를 수 없다.

약재 이름 삼백초

분류 삼백초과
키 50~100cm
꽃 피는 때 6~8월
열매 맺는 때 8~9월
약으로 쓰는 곳 풀 전체
거두는 때 여름

삼백초 삼점백 *Saururus chinensis*

삼백초는 제주도 협재에서 자라던 여러해살이풀이다. 지금은 여러 곳에서 심어 기른다. 뿌리와 잎과 꽃이 하얗다고 '삼백초'다. 잎 앞면은 풀빛이고 뒷면은 허옇다. 여름에 잎겨드랑이에서 길쭉한 꽃대가 올라와 하얀 꽃이 핀다. 꽃이 필 때쯤 줄기 끝 잎 석 장이 허옇게 바뀐다. 꽃이 지면 다시 풀빛이 된다. 꽃이 피었을 때 뿌리째 캐어다 약으로 쓴다. 콩팥이 아프거나 몸이 붓고 오줌이 잘 안 나올 때 달여 마시면 좋다. 급성 간염에 걸려 열이 나거나 황달이 올 때도 먹는다.

약재 이름 음양곽

분류 매자나무과
키 15~30cm
꽃 피는 때 4~5월
열매 맺는 때 7월
약으로 쓰는 곳 잎과 줄기
거두는 때 여름~가을

삼지구엽초 닻꽃 *Epimedium koreanum*

삼지구엽초는 깊은 산속 그늘진 곳에서 자라는 여러해살이풀이다. 가지가 세 개, 잎이 아홉 장 달린 풀이라는 한자 이름이다. 사오월에 누르스름한 꽃이 땅을 보고 피는데 꽃 생김새가 배가 멈출 때 내리는 닻처럼 생겼다고 '닻꽃'이라고도 한다. 잎과 줄기를 약으로 쓴다. 기운이 솟고 뼈와 근육이 튼튼해진다. 팔다리가 굳거나 경련이 날 때 먹어도 좋다. 또 혈압을 낮추고 오줌을 잘 누게 한다. 치매나 건망증에도 좋다.

약재 이름 백출

분류 국화과
키 30~100cm
꽃 피는 때 7~10월
열매 맺는 때 10~11월
약으로 쓰는 곳 뿌리줄기
거두는 때 가을, 봄

삽주 걸력가, 쟁두초 *Atractylodes ovata*

삽주는 산속 그늘진 곳에서 자라는 여러해살이풀이다. 줄기가 어른 종아리에서 허리께까지 자란다. 잎은 뻣뻣하고 가장자리에 바늘처럼 뾰족한 톱니가 난다. 뿌리로 '창출'과 '백출'이라는 두 가지 약재를 만들었는데 지금은 모두 '백출'이라고 한다. 뿌리줄기는 위장을 튼튼하게 하는 약초로 이름이 났다. 소화가 안 되고 위에 염증이 생겼을 때 먹는다. 배가 아프고 물똥을 쌀 때 먹어도 좋다. 감기에 걸리거나 뼈마디가 쑤시고 몸이 부을 때도 먹는다.

약재 이름 토사자

분류 메꽃과
꽃 피는 때 8~9월
열매 맺는 때 9~10월
약으로 쓰는 곳 씨
거두는 때 가을

새삼 *Cuscuta japonica*

새삼은 다른 나무나 풀에 더부살이하는 한해살이 덩굴풀이다. 땅에서
싹이 돋아 자라다가 다른 나무나 풀에 달라붙으면 뿌리가 말라서 없어
진다. 줄기에 빨판이 있어서 들러붙은 나무에서 양분을 빨아 먹는다. 잎
은 없고 비늘 조각이 있다. 가을에 씨가 여물면 덩굴째 볕에 말린 뒤 씨
를 털어 약으로 쓴다. 물에 달이거나 가루를 낸다. 눈이 침침하거나 콩
팥이 안 좋아서 오줌이 잘 안 나올 때 먹으면 좋다. 또 뼈가 튼튼해지고
허리 힘이 세지고, 시리고 아픈 무릎이 낫는다.

약재 이름 석위

분류 고란초과
키 10~26cm
약으로 쓰는 곳 잎
거두는 때 봄~가을

석위 *Pyrrosia lingua*

석위는 날씨가 따뜻한 남쪽 지방이나 제주도에서 자라는 늘푸른 여러해살이풀이다. 깊은 숲 속 축축한 바위나 오래 묵은 나무 곁에서 자란다. 고사리처럼 홀씨로 퍼진다. 잎 앞쪽은 짙은 풀빛인데 뒤쪽은 붉은 밤색 털로 덮여 있다. 봄가을에 잎을 베어 그늘에서 말린 뒤 약으로 쓴다. 잎 뒤쪽 털을 모두 털어 내고 썰어서 물에 달여 먹는다. 오줌이 잘 안 나오거나 피가 섞여 나올 때, 오줌 누면 아플 때, 콩팥에 돌이 생겼을 때, 기침과 가래가 나올 때 먹으면 좋다.

약재 이름 석창포

분류 천남성과
키 20~50cm
꽃 피는 때 6~7월
열매 맺는 때 7~8월
약으로 쓰는 곳 뿌리줄기
거두는 때 가을

석창포 석향포 *Acorus gramineus*

석창포는 냇가나 둠벙, 연못가에서 자라는 늘푸른 여러해살이풀이다. 따뜻한 남쪽 지방에서 많이 자란다. 잎과 뿌리에서 좋은 냄새가 난다. 뿌리줄기는 마디가 지며 옆으로 뻗는다. 잎맥 하나가 뚜렷하면 '창포', 없으면 '석창포'다. 가을에 뿌리줄기를 캐서 약으로 쓰는데, 땅 위로 솟은 뿌리줄기는 안 쓴다. 볕에 잘 말려서 물에 달이거나 가루를 내어 먹는다. 머리가 맑아지고 기억력이 좋아진다. 달인 물을 자주 먹으면 눈과 귀가 밝아지고, 습진이나 살갗이 가려운 피부병이 낫는다.

약재 이름 자소자

분류 꿀풀과
키 20~80cm
꽃 피는 때 8~9월
열매 맺는 때 10월
약으로 쓰는 곳 잎, 씨
거두는 때 잎-여름, 씨-가을

소엽 차조기^북 *Perilla frutescens* var. *acuta*

소엽은 밭에 심어 기르는 한해살이풀이다. 들깨를 똑 닮았다. 온몸에
자줏빛이 돌고 좋은 냄새가 난다. 줄기는 네모지고 곧게 자라면서 가지
를 친다. 잎과 씨를 약으로 쓴다. 잎은 달여서 감기에 걸려 열이 나고 기
침이 날 때, 소화가 안 될 때, 물고기를 먹고 배탈이 나거나 식중독에 걸
렸을 때 먹으면 좋다. 씨는 물에 달이거나 가루를 내어 먹는다. 기침이
심하고 가래가 나올 때, 머리가 아프고 밤에 잠이 안 올 때, 똥이 굳어
잘 안 나올 때 먹는다.

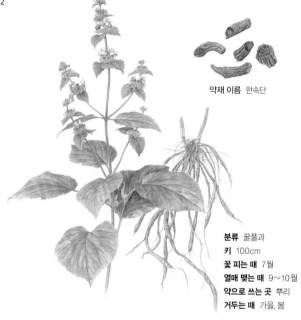

약재 이름 한속단

분류 꿀풀과
키 100cm
꽃 피는 때 7월
열매 맺는 때 9~10월
약으로 쓰는 곳 뿌리
거두는 때 가을, 봄

속단 토속단 *Phlomis umbrosa*

속단은 깊은 산속 볕이 잘 드는 풀밭에서 자라는 여러해살이풀이다. 줄기가 곧게 자라서 어른 허리춤까지 큰다. 줄기는 네모나고 털이 났다. 잎자루가 길고 잎 가장자리에 톱니가 났다. 가을이나 봄에 길쭉한 방망이처럼 생긴 뿌리를 캐서 약으로 쓴다. 밝은 그늘에서 말린 뒤 잘게 썰어 물에 달여 먹는다. 허리나 뼈마디가 아프고 뼈가 부러졌을 때 먹으면 좋다. 피를 잘 돌게 해서 피멍을 풀고 피 나는 것을 멈추고 새살이 빨리 돋게 한다.

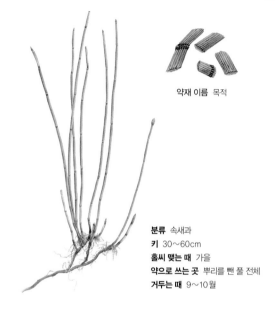

약재 이름 목적

분류 속새과
키 30~60cm
홀씨 맺는 때 가을
약으로 쓰는 곳 뿌리를 뺀 풀 전체
거두는 때 9~10월

속새 *Equisetum hyemale*

속새는 깊은 산속 나무 그늘 밑 축축한 땅에서 자라는 늘푸른 여러해 살이풀이다. 강원도 위쪽에서 많이 자라고, 제주도와 울릉도 깊은 산속 에서도 자란다. 줄기는 대나무처럼 마디가 졌다. 가을에 홀씨주머니가 줄기 끝에 달린다. 이때 줄기를 베어다가 그늘이나 볕에 말린다. 잘게 썰 어서 물에 달이거나 가루를 내어 약으로 쓴다. 내장에서 피가 나 피똥 을 쌀 때, 치질에 걸려 피가 나올 때 먹으면 좋다. 또 눈이 아프고 염증 이 생겼을 때도 먹는다. 많이 먹으면 간이 나빠지고 설사를 한다.

약재 이름 우슬

분류 비름과
키 50~100cm
꽃 피는 때 8~9월
열매 맺는 때 9~10월
약으로 쓰는 곳 뿌리
거두는 때 이른 봄, 가을

쇠무릎 *Achyranthes japonica*

쇠무릎은 산기슭이나 길가에서 흔히 자라는 여러해살이풀이다. 줄기 마디가 소 무릎처럼 두툼하게 튀어나왔다고 이런 이름이 붙었다. 가을 이나 이른 봄에 수염뿌리를 캐서 볕에 말린 뒤 잘게 썰어 약으로 쓴다. 물에 달이거나 가루를 낸다. 피를 잘 돌게 하고 몸속에 있는 물을 빼 준 다. 신경통이나 관절염으로 뼈마디가 쑤시고 아플 때, 피멍이 들었을 때 먹으면 좋다. 아기를 낳은 엄마가 몸이 부을 때도 먹는데, 아기를 가졌을 때는 안 먹는다.

약재 이름 사과락

분류 박과
키 400~800cm
꽃 피는 때 8~9월
열매 맺는 때 10월
약으로 쓰는 곳 열매
거두는 때 가을

수세미오이 수과, 사과등 *Luffa cylindreca*

수세미오이는 일부러 심어 기르는 한해살이 덩굴풀이다. 줄기에서 덩굴
손이 나와 기둥이나 담을 타고 오른다. 한여름부터 노란 꽃이 피는데 암
꽃과 수꽃이 따로 핀다. 열매는 처음에는 오이 같다가 나중에는 길쭉한
호박 같다. 열매를 달여 먹거나 즙을 짜서 먹으면 열을 내리고 기침을
멈추고 가래를 삭인다. 머리나 배가 아프거나 젖이 잘 안 나올 때, 치질
에 걸렸을 때 마셔도 좋다. 땀띠가 나거나 불에 덴 상처에는 달인 물을
바른다. 잘 마른 열매 속은 그릇 닦는 수세미로 쓴다.

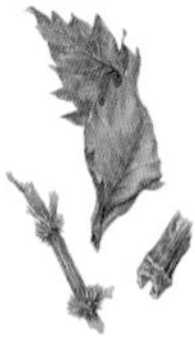

약재 이름 택란

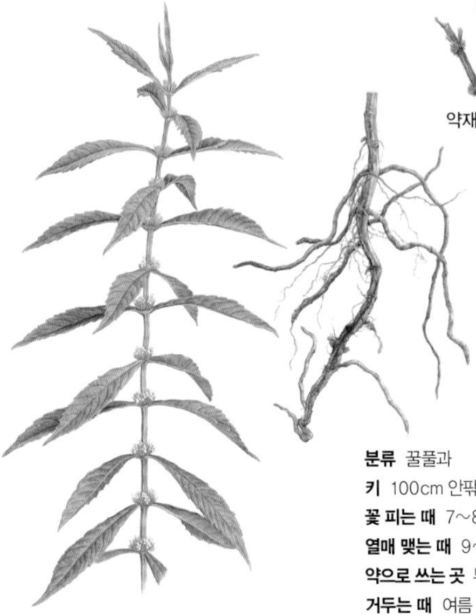

분류 꿀풀과
키 100cm 안팎
꽃 피는 때 7~8월
열매 맺는 때 9~10월
약으로 쓰는 곳 뿌리를 뺀 풀 전체
거두는 때 여름

쉽싸리 개조박이 *Lycopus lucidus*

쉽싸리는 연못이나 늪가, 냇가에서 자라는 여러해살이풀이다. 가지를 안 치고 줄기가 곧게 뻗는다. 줄기는 단단하고 네모진다. 마디마다 잎이 마주난다. 한여름에 잎겨드랑이를 빙 둘러 하얀 꽃이 핀다. 꽃이 필 때 베어다가 볕에 잘 말려 약으로 쓴다. 잘게 썰어서 물에 달이거나 가루를 내서 먹는다. 피를 잘 돌게 해서 달거리가 고르지 않을 때 먹으면 좋다. 아기를 낳고 피가 뭉쳐 배가 아프고 몸이 부었을 때도 먹는다. 멍이 들거나 살갗이 곪았을 때 생풀을 짓찧어 붙이면 잘 낫는다.

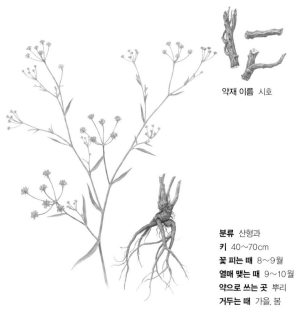

약재 이름 시호

분류 산형과
키 40~70cm
꽃 피는 때 8~9월
열매 맺는 때 9~10월
약으로 쓰는 곳 뿌리
거두는 때 가을, 봄

시호 멧미나리 *Bupleurum falcatum*

시호는 산이나 들판에서 드물게 자라는 여러해살이풀이다. 약으로 쓰려고 기르기도 하는데 저절로 자란 것보다 약효가 덜하다. 줄기는 가늘지만 단단하다. 잎은 대나무 잎처럼 길쭉하고 잎맥이 나란히 나 있다. 뿌리는 단단하고 굵고 짤막한데 제멋대로 뻗고 수염뿌리가 잔뜩 났다. 가로로 주름이 자글자글하다. 가을이나 이른 봄에 캐서 볕에 말려 약으로 쓴다. 열을 내리고 아픔을 멎게 하고 곪은 곳을 낫게 한다. 귀에서 소리가 나거나 어지러울 때 먹으면 좋다. 간염이나 치질, 황달에도 먹는다.

약재 이름 애엽

분류 국화과
키 50~120cm
꽃 피는 때 7~9월
열매 맺는 때 가을
약으로 쓰는 곳 잎
거두는 때 4~7월

쑥 약쑥, 타래쑥 *Artemisia princeps*

쑥은 길가나 빈터나 묵정밭, 논두렁, 밭둑 아무 데서나 잘 자라는 여러
해살이풀이다. 뿌리가 옆으로 뻗으면서 퍼진다. 어른 가슴팍까지 크는
데 가지를 많이 쳐서 풀숲을 이룬다. 온몸에 하얀 털이 잔뜩 덮여 있다.
쑥은 단오 때 베어야 약효가 가장 좋다. 대를 다발로 묶어서 처마 밑 그
늘에 매달아 말린다. 말린 잎을 물에 달여 먹으면 배를 따뜻하게 하고
몸이 튼튼해진다. 말린 잎으로 뜸을 뜨고 달인 물로 목욕을 하면 살갗
에 난 부스럼이나 종기가 낫는다.

약재 이름 노회

분류 백합과
키 50~60cm
꽃 피는 때 7~8월
열매 맺는 때 가을
약으로 쓰는 곳 잎
거두는 때 일 년 내내

알로에 노회, 나무노회 *Aloe vera*

알로에는 아프리카에서 자라는 여러해살이풀이다. 우리나라에서는 온
실에서 많이 기른다. 두툼한 잎이 뿌리와 줄기 밑동에서 켜켜이 어긋난
다. 잎을 자르면 누런 즙이 흘러나오는데 이 즙을 모아 졸이면 까만 넝어
리가 된다. 이 덩어리를 가루 내서 먹으면 변비를 고치고 열을 내리고 기
생충을 없앤다. 생잎을 달여 먹어도 간염이나 위장병, 변비, 기침, 천식
에 좋다. 불에 데거나 피멍울이 진 곳에는 생잎을 썰어서 붙이면 잘 낫
는다. 아기를 가진 엄마나 설사를 하는 사람은 먹으면 안 된다.

약재 이름 백굴채

분류 양귀비과
키 30~100cm
꽃 피는 때 5~9월
열매 맺는 때 6~10월
약으로 쓰는 곳 뿌리를 뺀 풀 전체
거두는 때 여름

애기똥풀 젖풀 *Chelidonium majus* var. *asiaticum*

애기똥풀은 산기슭이나 길가나 빈터에서 흔히 보는 두해살이풀이다. 줄기나 잎을 끊으면 노란 물이 나오는데 꼭 아기 똥 같다. 노란 물에서는 아주 고약한 냄새가 난다. 독이 있어서 함부로 먹으면 안 된다. 꽃이 피었을 때 베어다 그늘에서 말려 약으로 쓴다. 기침과 아픔을 멎게 하고 오줌이 잘 나오게 한다. 위가 아프거나 위암에 걸렸을 때도 약으로 쓴다. 간이 나빠져서 얼굴이 누렇게 될 때도 먹는다. 살갗이 헐고 버짐이 필 때, 무좀이나 벌레 물린 곳에는 생풀을 짓이겨 바른다.

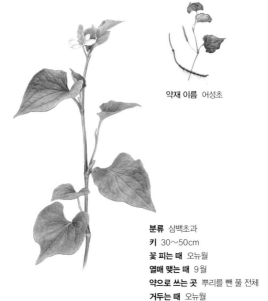

약재 이름 어성초

분류 삼백초과
키 30~50cm
꽃 피는 때 오뉴월
열매 맺는 때 9월
약으로 쓰는 곳 뿌리를 뺀 풀 전체
거두는 때 오뉴월

약모밀 즙채^북, 어성초 *Houttuynia cordata*

약모밀은 숲 속 그늘지고 축축한 땅에서 자라는 여러해살이풀이다. 중부지방 아래에서 자란다. 메밀 잎을 닮았는데 약으로 쓴다고 '약모밀', 잎을 비비면 생선 비린내가 난다고 '어성초'라고 한다. 늦봄부터 하얀 꽃이 피는데 꽃받침 넉 장이 열십자 모양으로 난다. 꽃이 필 때 줄기째 베어 그늘에서 말린 뒤 달여 먹는다. 폐렴이나 폐암, 기관지염, 신경통, 황달, 중풍, 변비, 관절염에 약으로 쓴다. 생풀을 짓이겨 치질, 무좀, 땀띠, 옷 오른 살갗에 바르면 잘 낫는다.

약재 이름 앵속각

분류 양귀비과
키 50~150cm
꽃 피는 때 오뉴월
열매 맺는 때 가을
약으로 쓰는 곳 열매껍질
거두는 때 가을

양귀비 아편꽃^북 *Papaver somniferum*

양귀비는 약으로 쓰려고 심어 기르는 한두해살이풀이다. 중국 당나라 때 미인인 '양귀비'에 견줄 만큼 꽃이 예쁘다고 그 이름을 따서 붙였다. 봄부터 줄기 끝에서 하얗고 빨간 꽃이 핀다. 꽃잎이 하늘하늘하다. 열매는 둥글고 단단하다. 다 익은 열매껍질을 말려서 약으로 쓴다. 오래된 기침이나 설사, 이질에 좋다. 덜 여문 열매에 상처를 내면 허연 진물이 나오는데 이 진물을 받아 말려서 약으로 쓴다. 아픔을 멎게 하는 힘이 세다. '아편'이라는 마약이기 때문에 지금은 나라에서 관리한다.

약재 이름 대계

분류 국화과
키 50~100cm
꽃 피는 때 6~8월
열매 맺는 때 8~9월
약으로 쓰는 곳 풀 전체
거두는 때 여름~가을

엉겅퀴 항가시 *Cirsium japonicum* var. *maackii*

엉겅퀴는 길가나 들녘, 산기슭에서 자라는 여러해살이풀이다. 피를 멈추고 엉기게 한다고 '엉겅퀴'다. 잎이 길쭉하고 뾰쭉빼쭉 날카롭다. 잎 끝에는 바늘 같은 가시가 나 있다. 여름에 줄기와 가지 끝에서 자줏빛 꽃이 핀다. 꽃이 피었을 때 줄기째 베고 가을에 뿌리를 캐서 볕에 말린 뒤 약으로 쓴다. 코피가 나거나 오줌이나 똥에 피가 섞여 나올 때, 아기를 낳고 피가 안 멈출 때 달여 먹는다. 뿌리째 짓찧어 뼈마디가 아픈 곳, 살갗에 부스럼이 나거나 옴으로 가려운 곳에 붙인다.

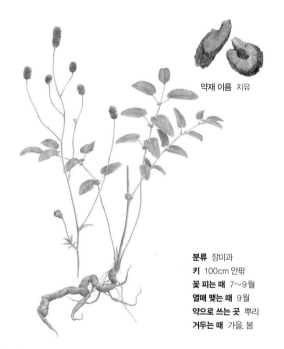

약재 이름 지유

분류 장미과
키 100cm 안팎
꽃 피는 때 7~9월
열매 맺는 때 9월
약으로 쓰는 곳 뿌리
거두는 때 가을, 봄

오이풀 수박풀 *Sanguisorba officinalis*

오이풀은 햇볕이 잘 드는 산기슭이나 풀밭, 논둑, 밭둑에서 자라는 여러
해살이풀이다. 잎을 뜯어서 손으로 비비면 오이 냄새가 난다. 뿌리줄기
가 옆으로 뻗으면서 갈라진다. 뿌리는 굵고 딱딱한데 겉은 까맣고 속은
빨갛다. 가을이나 이른 봄에 뿌리를 캐서 잔뿌리를 다듬고 볕에 말려 약
으로 쓴다. 상처 나거나 똥에 피가 섞여 나올 때, 폐결핵에 걸려 피를
토할 때, 아기를 낳고 피가 안 멈출 때 먹는다. 불에 데었을 때 뿌리를 짓
찧거나 즙을 내서 바르면 잘 낫는다.

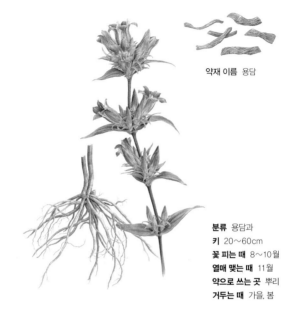

약재 이름 용담

분류 용담과
키 20~60cm
꽃 피는 때 8~10월
열매 맺는 때 11월
약으로 쓰는 곳 뿌리
거두는 때 가을, 봄

용담 초룡담^북 *Gentiana scabra*

용담은 볕이 잘 드는 산이나 들녘에서 자라는 여러해살이풀이다. 뿌리
가 휘뚜루마뚜루 땅속으로 뻗는다. 가을이나 봄에 뿌리를 캔다. 볕에
말려 잘게 썬 뒤 달이거나 가루로 빻아 약으로 쓴다. 쓴맛이 나지만 먹
으면 입맛이 돌고 위가 튼튼해지고 소화가 잘 된다. 간염에 걸려 눈이
노래지고 열이 날 때 먹어도 좋고, 혈압이 높거나 습진이 생겼을 때도 먹
는다. 위가 약하거나 설사를 자주하는 사람은 안 먹는 것이 좋다. 또 빈
속일 때도 되도록 안 먹는다.

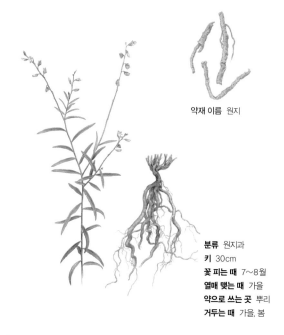

약재 이름 원지

분류 원지과
키 30cm
꽃 피는 때 7~8월
열매 맺는 때 가을
약으로 쓰는 곳 뿌리
거두는 때 가을, 봄

원지 실영신초 *Polygala tenuifolia*

원지는 산속 볕이 잘 드는 풀밭에서 자라는 여러해살이풀이다. 중부지방 위쪽에서 드물게 자란다. 손가락 굵기만 한 뿌리가 땅속으로 뻗는다. 뿌리에서 여러 줄기가 모여 난다. 뿌리를 약으로 쓰는데 가을이나 봄에 캐서 가운데 심을 빼고 볕에 말린다. 달여 먹으면 마음이 차분해지고 가래를 삭인다. 잘 놀라고 가슴이 두근거릴 때, 울적하고 잠을 잘 못 잘 때, 깜박깜박 잊을 때 먹으면 좋다. 천식으로 시난고난 앓을 때, 폐렴이나 기관지염에도 좋다.

약재 이름 원초

분류 백합과
키 100cm
꽃 피는 때 6~8월
열매 맺는 때 10월
약으로 쓰는 곳 뿌리
거두는 때 가을

원추리 망우초 *Hemerocallis fulva*

원추리는 볕이 잘 드는 산과 들에서 자라는 여러해살이풀이다. 굵은 뿌리가 이리저리 여러 가닥으로 뻗는다. 뿌리 끝은 통통하다. 뿌리에서 곧장 길쭉한 잎이 겹쳐 난다. 여름에 긴 꽃대가 올라와 노란 꽃이 핀다. 가을에 뿌리를 캐서 볕에 말린 뒤 썰어서 달여 먹는다. 몸이 붓고 오줌 눌 때 아프거나 잘 안 나올 때, 피가 섞여 나올 때 먹는다. 코피가 나거나 똥에 피가 섞여 나올 때, 아기집에서 피가 날 때 피를 멎게 한다. 엄마 젖이 잘 안 나올 때 먹어도 좋다.

약재 이름 의이인

분류 벼과
키 100~200cm
꽃 피는 때 7~8월
열매 맺는 때 10월
약으로 쓰는 곳 씨
거두는 때 가을

율무 율미 *Coix laryma jobi* var. *mayuen*

율무는 밭에서 기르는 한해살이풀이다. 가을에 동그란 열매가 밤빛으로 익으면 털어서 볕에 말린다. 딱딱한 껍데기를 벗기면 빨간 껍질에 싸인 씨가 나온다. 이 껍질을 벗기면 허연 알갱이가 나오는데, 알갱이를 쌀에 섞어서 밥을 짓고, 가루로 빻아서 죽을 쑤거나 차를 달여 먹는다. 율무를 오래 먹으면 몸이 가뿐해지고 살결이 고와진다. 위가 튼튼해지고 기침이 멎고 가래를 삭인다. 몸이 붓거나 뼈마디가 아플 때, 폐결핵에 걸렸을 때 먹으면 좋다.

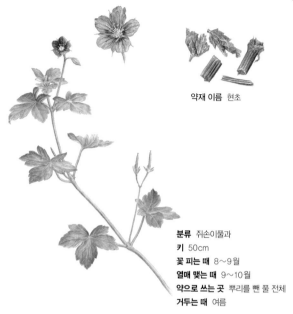

약재 이름 현초

분류 쥐손이풀과
키 50cm
꽃 피는 때 8~9월
열매 맺는 때 9~10월
약으로 쓰는 곳 뿌리를 뺀 풀 전체
거두는 때 여름

이질풀 쥐손이풀 *Geranium thunbergii*

이질풀은 산기슭이나 풀밭에서 흔히 자라는 여러해살이풀이다. 이질에
걸렸을 때 먹으면 잘 낫는다고 '이질풀'이다. 한여름에 잎겨드랑이에서
꽃대가 길게 올라와 불그스름한 꽃이 피고 가을에 송곳처럼 뾰족한 열
매가 달린다. 꽃이 피고 열매가 열릴 때 베어다 볕에 말려서 약으로 쓴
다. 배가 아프고 똥에 피고름이 섞여 나올 때 먹으면 좋다. 혈압을 낮추
고 피를 잘 돌게 하고 근육과 뼈를 튼튼하게 한다. 짧게 달이면 오줌을
잘 누게 하고, 오래 달이면 설사를 멈춘다.

충위자(씨)

익모초(풀)

약재 이름

분류 꿀풀과
키 100~150cm
꽃 피는 때 7~8월
열매 맺는 때 9~10월
약으로 쓰는 곳 뿌리를 뺀 풀 전체, 씨
거두는 때 풀 전체-여름, 씨-가을

익모초 야천마 *Leonurus japonicus*

익모초는 길가나 밭둑이나 냇가에서 자라는 두해살이풀이다. 잎이 길쭉한데 세 갈래로 갈라지고 톱니가 있다. 한여름에 잎겨드랑이마다 분홍빛 꽃이 빙 둘러 핀다. 여름에 풀을 베어 볕에 말린 뒤 썰어서 달여 먹는다. 아기를 낳고 나서 배가 아프고 피가 나고 몸이 부을 때 먹는다. 달거리가 고르지 않고 달거리 할 때마다 배가 아플 때 먹어도 좋다. 씨는 눈 아픈 데 좋고 눈을 밝게 한다. 더위를 먹어 입맛이 없을 때는 생풀을 짜서 즙을 내어 마신다. 즙을 떠먹을 때는 꼭 나무 숟가락을 쓴다.

약재 이름 인삼

분류 오갈피나무과
키 60cm쯤
꽃 피는 때 3~4월
열매 맺는 때 6~7월
약으로 쓰는 곳 뿌리
거두는 때 심은 지 3~6년

인삼 삼, 고려삼 *Panax ginseng*

인삼은 약초 가운데 으뜸으로 친다. 산삼은 인삼보다 약효가 좋지만 아주 드물고 귀해서 구하기 어렵다. 산삼 씨앗을 밭에 심어 기른 것이 인삼이다. 뿌리는 옆으로 비스듬히 누워 자란다. 4~6년쯤 자란 뿌리를 캐서 약으로 쓴다. 날뿌리는 '수삼', 껍질을 벗겨 볕에 말린 것은 '백삼', 껍질째 쪄서 말려 색깔이 불그스름한 것을 '홍삼'이라고 한다. 몸을 두루 튼튼하고 건강하게 한다. 기운을 북돋고 면역력을 높이고 몸속에 쌓인 독을 푼다.

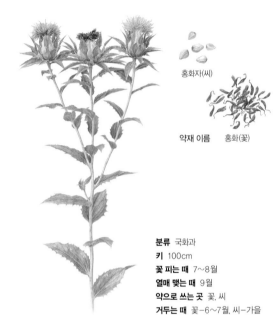

홍화자(씨)

약재 이름 홍화(꽃)

분류 국화과
키 100cm
꽃 피는 때 7~8월
열매 맺는 때 9월
약으로 쓰는 곳 꽃, 씨
거두는 때 꽃-6~7월, 씨-가을

잇꽃 홍화 *Carthamus tinctorius*

잇꽃은 밭에서 기르는 한두해살이풀이다. 한여름에 줄기나 가지 끝에
길쭉한 꽃이 핀다. 처음에는 노랗다가 빨갛게 바뀐다. 빨갛게 바뀔 때
뜯어 그늘에서 말린 뒤 달여 먹는다. 달인 물을 먹으면 피가 잘 돌고 혈
압이 떨어지고 멍이 풀린다. 아기를 낳은 뒤 배 속에 나쁜 피가 남았을
때, 달거리가 없거나 달거리 뒤에 배가 아플 때 먹는다. 지나치면 도리어
피를 파괴해서 조심해야 한다. 아기를 가진 엄마는 먹으면 안 된다. 씨는
기름을 짜서 동맥경화를 막는 약으로 쓴다.

약재 이름 백급

분류 난초과
키 50cm 안팎
꽃 피는 때 오뉴월
열매 맺는 때 10월
약으로 쓰는 곳 알뿌리
거두는 때 가을, 봄

자란 대암풀 *Bletilla striata*

자란은 따뜻한 남쪽 지방에서 드물게 자라는 여러해살이 난초다. 뿌리에서 곧장 잎이 대여섯 장 나오고 잎 밑동끼리 서로 감싸며 올라간다. 뿌리가 감자처럼 생겼는데 가을이나 이른 봄에 캐서 약으로 쓴다. 알뿌리는 깨끗이 씻어 찐 뒤 껍질을 벗겨 볕에 말린다. 물에 달이거나 가루를 내서 따뜻한 물과 함께 먹는다. 피를 멎게 하는 힘이 세서 폐결핵에 걸려 피를 토할 때나 위장에서 피가 날 때, 코피가 날 때 먹으면 좋다. 감기에 걸려 열이 나고 기침할 때는 먹지 않는다.

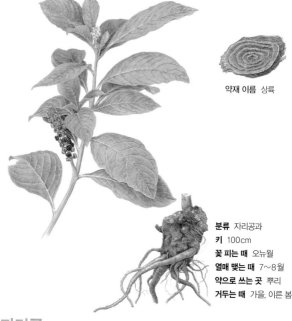

약재 이름 상륙

분류 자리공과
키 100cm
꽃 피는 때 오뉴월
열매 맺는 때 7~8월
약으로 쓰는 곳 뿌리
거두는 때 가을, 이른 봄

자리공 장녹 *Phytolacca esculenta*

자리공은 담벼락 밑이나 빈터, 밭둑, 길가에서 자라는 여러해살이풀이
다. 줄기가 곧고 붉은빛이 돌아서 눈에 확 띈다. 뿌리를 약으로 쓴다. 똥
이 굳거나 콩팥이 안 좋아서 오줌이 안 나오고 몸이 부을 때 먹는다. 목
에 염증이 생기거나 숨이 가쁘고 기침이 나고 가래가 끓을 때 먹어도 좋
다. 살갗이 곪거나 종기가 났을 때는 뿌리를 짓찧어 붙인다. 독이 있어서
많이 먹으면 토하거나 온몸이 굳고 숨이 가빠지며 잘못하면 심장이 멎
기도 한다. 조심해서 써야 한다.

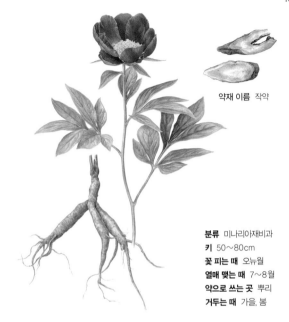

약재 이름 작약

분류 미나리아재비과
키 50~80cm
꽃 피는 때 오뉴월
열매 맺는 때 7~8월
약으로 쓰는 곳 뿌리
거두는 때 가을, 봄

작약 함박꽃 *Paeonia lactiflora*

작약은 꽃을 보려고 일부러 심어 기르는 여러해살이풀이다. 뿌리에서
여러 줄기가 올라와 어른 무릎에서 허벅지까지 자란다. 여름 들머리에
줄기 끝에서 꽃이 활짝 핀다. 가운데 노란 꽃밥이 가득하다. 가을이나
봄에 뿌리를 캐서 약으로 쓰는데 잘라 보면 속살에 붉다. 볕에 말려 잘
게 썰어서 달여 먹는다. 달거리가 없거나 뜸할 때, 아기를 낳기 전이나
낳은 뒤에 먹는다. 식은땀이 나고 배가 아프고 물똥을 쌀 때, 온몸이 시
큰시큰 아플 때 먹어도 좋다.

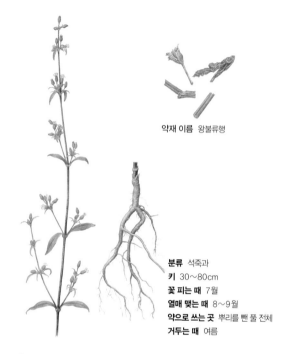

약재 이름 왕불류행

분류 석죽과
키 30~80cm
꽃 피는 때 7월
열매 맺는 때 8~9월
약으로 쓰는 곳 뿌리를 뺀 풀 전체
거두는 때 여름

장구채 *Silene firma*

장구채는 풀밭이나 길가, 산속 볕이 잘 드는 곳에서 자라는 두해살이
풀이다. 한여름에 줄기나 가지 끝 잎겨드랑이에서 하얀 꽃이 빙 둘러 핀
다. 가을에 열매가 여물면 끝이 여섯 갈래로 갈라진다. 씨앗에는 작은
돌기가 오톨토톨 났다. 열매가 익을 때쯤 베어다 볕에 말려서 약으로 쓴
다. 씨앗도 털어서 약으로 쓴다. 피를 잘 돌게 하고 달거리를 고르게 하
고 젖이 잘 나오게 한다. 또 부기를 내리고 피나는 것을 멈추고 염증을
없앤다. 아기를 가졌을 때는 안 먹는다.

약재 이름 누로

분류 국화과
키 100cm 안팎
꽃 피는 때 7∼9월
열매 맺는 때 늦가을
약으로 쓰는 곳 뿌리
거두는 때 가을

절굿대 절구대^북, 개수리취 *Echinops setifer*

절굿대는 볕이 잘 드는 산기슭이나 풀밭에서 자라는 여러해살이풀이다. 온몸에 뽀얀 털이 났다. 잎은 엉겅퀴 잎처럼 깊게 여러 번 파였다. 한여름부터 줄기나 가지 끝에 알사탕 같은 꽃뭉치가 핀다. 가을에 뿌리를 캐서 볕에 말린 뒤 달이거나 가루로 빻아서 먹는다. 열을 내리고 몸에 쌓인 독을 풀고 고름을 빼 준다. 아기를 낳고 젖이 안 나오고 아플 때 먹으면 좋다. 얼굴이 굳고 근육이나 뼈마디가 아플 때, 살이 곪거나 종기가 났을 때, 습진이나 치질에 걸렸을 때도 먹는다.

약재 이름 촉규근

분류 아욱과
키 150~250cm
꽃 피는 때 6월
열매 맺는 때 9월
약으로 쓰는 곳 뿌리, 꽃
거두는 때 뿌리-봄가을, 꽃-6월

접시꽃 접중화ᵇᵏ *Althaea rosea*

접시꽃은 마당에 심어 기르는 두해살이풀이다. 열매가 접시처럼 둥글 납작해서 이런 이름이 붙었다. 해바라기만큼 키가 크고 줄기는 꼿꼿하 다. 만지면 어센 털이 나 있다. 여름 들머리에 잎겨드랑이에서 커다란 꽃 이 여러 가지 색으로 핀다. 뿌리와 꽃을 약으로 쓴다. 뿌리는 가을이나 봄에 캐서 볕에 말리고, 꽃은 필 때 따서 그늘에서 말린 뒤 달여 먹는다. 오줌과 똥을 시원하게 누게 돕고 설사를 멎게 한다. 뿌리에서 나오는 끈 끈한 즙은 속이 쓰리고 아픈 것을 낫게 한다.

약재 이름 자화지정

분류 제비꽃과
키 10cm
꽃 피는 때 4~5월
열매 맺는 때 6월
약으로 쓰는 곳 풀 전체
거두는 때 여름

제비꽃 오랑캐꽃 *Viola mandshurica*

제비꽃은 봄이 되면 길가나 빈터, 산기슭, 밭둑 어디서나 볼 수 있는 여
러해살이풀이다. 꽃이 제비가 나는 모습을 닮았다고 '제비꽃'이다. 줄
기 없이 뿌리에서 잎이 수북이 난다. 사오월에 자줏빛 꽃이 한쪽을 보
고 핀다. 여름에 뿌리째 캐서 볕에 말린 뒤 물에 달여 먹는다. 열을 내리
고 독을 풀고 염증을 없앤다. 열이 나서 생기는 부스럼이나 두드러기, 살
갗이 헐고 화끈거릴 때 쓴다. 독사에 물린 상처에는 생풀을 짓찧어 붙인
다. 오줌보나 뼈마디에 염증이 생겨 아플 때 먹어도 좋다.

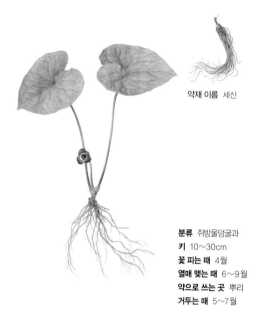

약재 이름 세신

분류 쥐방울덩굴과
키 10~30cm
꽃 피는 때 4월
열매 맺는 때 6~9월
약으로 쓰는 곳 뿌리
거두는 때 5~7월

족도리풀 *Asarum sieboldii*

족도리풀은 깊은 산속 그늘지고 축축한 땅에서 자라는 여러해살이풀이다. 꽃이 족두리를 닮았다고 '족도리풀'이다. 뿌리줄기가 옆으로 뻗으면서 마디가 지고 잔뿌리가 잔뜩 난다. 뿌리에서 잎줄기가 길게 올라와 잎두 장이 마주난다. 잎자루와 함께 꽃대도 올라오는데 꽃대는 더 작아서 끝에 달린 꽃이 땅에 닿을 듯하다. 꽃이 지면 뿌리를 캐서 뿌리꼭지를 떼어 낸 뒤 그늘에 말린다. 독이 있어서 날로 먹으면 안 된다. 달여 먹으면 열을 내리고 아픔을 멎게 하고 나쁜 병균을 없앤다.

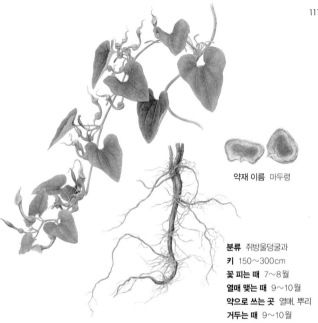

약재 이름 마두령

분류 쥐방울덩굴과
키 150~300cm
꽃 피는 때 7~8월
열매 맺는 때 9~10월
약으로 쓰는 곳 열매, 뿌리
거두는 때 9~10월

쥐방울덩굴 방울풀^북 *Aristolochia contorta*

쥐방울덩굴은 산기슭에서 드물게 자라는 여러해살이 덩굴풀이다. 꽃 아래쪽이 방울처럼 툭 불거져서 이런 이름이 붙었다. 줄기는 가늘고 긴데 나무처럼 단단하다. 온몸에서 고약한 냄새가 난다. 가을에 작은 참외 같은 열매가 달리는데 풀빛이다가 누렇게 익는다. 뿌리는 배가 아프거나 이질이 걸렸을 때 약으로 썼다. 열매는 가래가 끓고 기침이 날 때, 치질이 걸렸을 때, 혈압이 높을 때 달여 먹었다. 하지만 지금은 암을 일으킨다고 밝혀져서 약으로 안 쓴다.

약재 이름 지모

분류 지모과
키 60~90cm
꽃 피는 때 6~7월
열매 맺는 때 8~10월
약으로 쓰는 곳 뿌리줄기
거두는 때 가을, 봄

지모 평양지모, 지삼 *Anemarrhena asphodeloides*

지모는 황해도 지방 산과 풀밭에서 자라는 여러해살이풀이다. 다른 곳
에서는 일부러 심어 기른다. 뿌리줄기가 굵고 짧게 옆으로 뻗는다. 잎은
뿌리줄기에서 뭉쳐난다. 여름에 잎 사이로 꽃대가 길게 올라와 분홍빛
꽃이 듬성듬성 모여 핀다. 삼 년 넘게 자란 뿌리줄기를 가을이나 봄에
캐서 약으로 쓴다. 수염뿌리를 다듬고 볕에 말린다. 말린 뿌리를 소금물
이나 술에 담근 뒤 볶아서 쓰기도 한다. 감기에 걸려 열이 나고 몸살이
날 때, 기침이 나고 목이 아플 때, 똥이 굳어 안 나올 때 달여 먹는다.

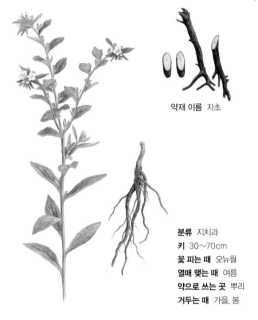

약재 이름 자초

분류 지치과
키 30~70cm
꽃 피는 때 오뉴월
열매 맺는 때 여름
약으로 쓰는 곳 뿌리
거두는 때 가을, 봄

지치 자초, 지추 *Lithospermum erythrorhizon*

지치는 햇볕이 잘 드는 산속 풀밭에서 드물게 자라는 여러해살이풀이
다. 뿌리는 붉은 자줏빛이 돈다. 지치가 나는 곳에 눈이 쌓이면 빨갛게
물든다고 한다. 뿌리는 땅속 깊게 뻗고 오래 묵을수록 자줏빛이 짙다.
옛날부터 얼굴이 노래지는 황달이나 간염에 걸렸을 때, 홍역이나 마마
에 걸렸을 때 약으로 썼다. 피를 맑게 하고 잘 돌게 하고 뭉친 피를 푼다.
피를 토하거나 코피가 나고 오줌이나 똥에 피가 섞여 나올 때 먹어도 좋
다. 요즘은 암을 고치는 약으로도 쓴다.

건지황

숙지황　약재 이름

분류 현삼과
키 30cm
꽃 피는 때 6∼7월
열매 맺는 때 9월
약으로 쓰는 곳 뿌리
거두는 때 가을, 봄

지황 *Rehmannia glutinosa*

지황은 밭에 심어 기르는 여러해살이풀이다. 뿌리를 약에 쓰려고 중국에서 들여왔다. 뿌리가 손가락만큼 굵고 이리저리 뻗는다. 뿌리를 날것 그대로 쓰면 '생지황', 볕에 말려 쓰면 '건지황', 술을 넣고 찌면 '숙지황'이라고 한다. 생지황은 열이 나서 입이 마르고 목이 탈 때, 피를 토하거나 코피가 날 때, 똥이 굳어 안 나올 때 약으로 쓴다. 건지황은 열이 나서 살갗에 열꽃이 필 때, 온몸이 쑤시고 아플 때 먹는다. 숙지황은 심장을 튼튼하게 하고 혈압을 낮추고 빈혈을 고친다.

약재 이름 희첨

분류 국화과
키 40~100cm
꽃 피는 때 8~9월
열매 맺는 때 10월
약으로 쓰는 곳 뿌리를 뺀 풀 전체
거두는 때 8~9월

진득찰 진둥찰, 민득찰 *Sigesbechia glabrescens*

진득찰은 밭두렁이나 빈터, 길가에서 자라는 한해살이풀이다. 꽃이나 열매에서 진득진득한 물이 나와 사람 옷이나 짐승 털에 잘 들러붙는다. 붉은 대가 어른 허리춤까지 올라온다. 잎은 세모꼴이고 뒷면에 잎맥이 툭 불거진다. 한여름부터 가을까지 콩알만 한 노란 꽃이 핀다. 꽃이 필 때 베어다가 볕에 말려 약으로 쓴다. 중풍에 걸려 팔다리를 못 움직이고 뼈마디가 아플 때, 말을 못하고 얼굴이 굳을 때 달여 먹는다. 종기가 나거나 습진에 걸려 가려운 곳에는 잎을 짓이겨 바른다.

약재 이름 택사

분류 택사과
키 50~90cm
꽃 피는 때 7~8월
열매 맺는 때 9월
약으로 쓰는 곳 뿌리줄기
거두는 때 늦가을, 봄

질경이택사 *Alisma orientale*

질경이택사는 논이나 못, 연못가, 강가 얕은 물에서 자라는 여러해살이
풀이다. 잎이 질경이를 닮았다. 뿌리줄기가 토끼 꼬리처럼 뭉툭하고 짧
다. 잎은 뿌리에서 모여난다. 뿌리줄기를 약으로 쓰는데 잎이 마른 늦가
을이나 봄에 캔다. 몸에서 물이 잘 나가게 해준다고 한자말로 '택사'라
고 한다. 오줌이 시원하게 안 나올 때, 콩팥이 안 좋아서 몸이 부을 때,
오줌보나 오줌길에 염증이 생겼을 때 먹으면 좋다. 혈압이나 혈당을 낮
춰서 고혈압이나 당뇨병에 걸렸을 때도 먹는다.

약재 이름 용아초

분류 장미과
키 60~120cm
꽃 피는 때 6~8월
열매 맺는 때 가을
약으로 쓰는 곳 풀 전체
거두는 때 풀-5~8월, 뿌리-가을

짚신나물 *Agrimonia pilosa*

짚신나물은 산기슭이나 길가, 풀밭에서 흔히 자라는 여러해살이풀이다. 잎 생김새가 짚신을 닮았다고 '짚신나물'이다. 온몸에 털이 나서 만지면 까칠까칠하다. 여름 들머리부터 기다란 꽃대가 올라와 노란 꽃이 줄줄이 달린다. 꽃이 피고 줄기가 수북할 때 베어다가 말려서 약으로 쓴다. 피를 토하거나 코피가 나거나 잇몸에서 피가 나고 피오줌을 쌀 때 달여 먹으면 좋다. 가을에 뿌리를 캐서 달여 먹으면 몸속 기생충을 없앤다. 봄에는 새순을 따서 나물로 먹는다.

약재 이름 청대

분류 마디풀과
키 50~60cm
꽃 피는 때 8~9월
열매 맺는 때 10월
약으로 쓰는 곳 잎, 열매
거두는 때 여름~가을

쪽 *Persicaria tinctoriua*

쪽은 밭에 심어 기르는 한해살이풀이다. 본디 중국에서 나던 풀인데 옷
감에 파란 물을 들이려고 들여왔다. 잎은 진한 풀빛인데 따다 말리면 검
푸르게 바뀐다. 햇볕에 말린 것을 '남엽', 잎을 우려낸 물에 석회를 넣고
볕에 말린 뒤 빻아 만든 파란 가루를 '청대', 열매를 볕에 말린 것을 '남
실'이라고 한다. 남엽과 남실은 몸에 쌓인 독을 풀고, 청대는 열을 내리
고 피를 멎게 한다. 벌에 쏘이거나 뱀에 물렸을 때는 생잎을 짓찧어 바른
다. 종기나 부스럼, 습진에는 잎을 달인 물로 씻는다.

약재 이름 백합

분류 백합과
키 100~200cm
꽃 피는 때 7~8월
약으로 쓰는 곳 비늘줄기
거두는 때 가을, 봄

참나리 산나리, 호랑나리 *Lilium lancifolium*

참나리는 볕이 잘 드는 산기슭이나 들판에서 자라는 여러해살이풀이다. 통마늘처럼 생긴 비늘줄기가 양파 껍질처럼 겹겹이 벗겨진다. 비늘줄기 머리와 밑동에서 잔뿌리가 잔뜩 난다. 줄기가 곧고 잎은 대나무 잎처럼 길쭉하다. 잎겨드랑이에 달린 구슬눈이 땅으로 떨어져서 싹이 튼다. 한여름에 큼직한 주황색 꽃이 땅를 보고 핀다. 가을이나 봄에 비늘줄기를 캐서 끓는 물에 데친 뒤 볕에 말려 달여 먹는다. 몸이 허약할 때, 폐결핵이나 기관지염, 아기를 낳은 엄마가 몸조리 할 때 먹는다.

약재 이름 당귀

분류 산형과
키 100~200cm
꽃 피는 때 8~10월
열매 맺는 때 11월
약으로 쓰는 곳 뿌리
거두는 때 가을, 봄

참당귀 조선당귀 *Angelica gigas*

참당귀는 산골짜기 축축한 땅에서 자라는 여러해살이풀이다. 줄기와 꽃이 온통 빨개서 눈에 확 띈다. 줄기 속은 비었고 잎은 세 갈래로 큼지막하게 갈라진다. 갈라진 잎은 다시 3~5갈래로 갈라진다. 가을이나 봄에 뿌리를 캐서 약으로 쓴다. 오래 묵을수록 향이 진하고 약효도 좋다. 그늘에 말린 뒤 물에 달여 먹는다. 여자에게 아주 좋은 약이다. 달거리가 없거나 들쑥날쑥할 때, 달거리하면서 배가 아플 때 먹는다. 빈혈이 있거나 코피가 날 때, 피멍이 들었을 때 먹어도 좋다.

약재 이름 여로

분류 백합과
키 150cm 안팎
꽃 피는 때 8~9월
열매 맺는 때 가을
약으로 쓰는 곳 뿌리
거두는 때 가을, 봄

참여로 검정여로 *Veratrum nigrum* var. *ussuriense*

참여로는 산속에서 자라는 여러해살이풀이다. 줄기 밑에만 잎이 수북하고 위쪽은 잎이 없다. 뿌리줄기가 짧게 뻗고 굵은 수염뿌리가 난다. 꽃대가 자라기 전에 캐서 약으로 쓴다. 독이 세서 함부로 쓰면 안 된다. 예전에는 먹은 것을 급하게 게워야 할 때, 중풍에 걸려 가래를 토하고 숨이 찰 때 먹었지만 지금은 먹는 약으로는 잘 안 쓴다. 집짐승에 붙어사는 빈대나 벼룩을 없애거나 뒷간에 파리와 구더기를 없앨 때, 농작물에 생기는 벌레를 없애려고 달인 물을 뿌린다.

약재 이름 천남성

분류 천남성과
키 15~30cm
꽃 피는 때 5~7월
열매 맺는 때 9~10월
약으로 쓰는 곳 덩이줄기
거두는 때 가을, 봄

천남성 호장 *Arisaema amurense* var. *serratum*

천남성은 산속 그늘지고 축축한 곳에서 자라는 여러해살이풀이다. 양파처럼 생긴 덩이줄기에서 가는 뿌리가 쑥대머리처럼 난다. 줄기 끝이 두 갈래로 갈라지면서 잎이 열 장 안팎으로 달린다. 오월부터 한여름까지 긴 통처럼 생긴 꽃이 핀다. 덩이줄기를 캐서 약으로 쓰는데 독이 있어서 함부로 먹으면 안 된다. 가을에 캐서 껍질을 벗겨 생강즙을 넣고 끓여 독을 뺀 뒤 볕에 말려서 쓴다. 중풍에 걸리거나 가래가 나오고 기침할 때, 허리나 어깨에 담이 들었을 때 물에 달여 먹는다.

약재 이름 천마

분류 난초과
키 50~100cm
꽃 피는 때 6~7월
열매 맺는 때 8~9월
약으로 쓰는 곳 뿌리줄기
거두는 때 가을, 봄

천마 적전, 정풍초 *Gastrodia elata*

천마는 깊은 숲 속 그늘에서 자라는 여러해살이풀이다. 기름진 땅을 좋아한다. 빨간 싹이 화살대처럼 돋고 둥그런 대궁이 외줄기로 자란다. 줄기 속은 텅 비었다. 여름 들머리에 외대 끝에서 조그만 단지 같은 꽃이 줄줄이 달린다. 봄가을에 뿌리를 캐서 볕에 말려 약으로 쓴다. 빛깔은 감자 같고 생김새는 고구마 같다. 구린내가 나고 먹으면 조금 맵고 아리다. 머리가 어지럽고 아플 때, 중풍으로 말 못할 때, 신경쇠약에 좋다. 고혈압이거나 아이가 간질이나 유행뇌척수막염에 걸렸을 때 먹는다.

약재 이름 황정

분류 백합과
키 100~150cm
꽃 피는 때 오뉴월
열매 맺는 때 가을
약으로 쓰는 곳 뿌리줄기
거두는 때 가을, 봄

층층갈고리둥굴레 죽대둥굴레^북 *Polygonatum sibiricum*

층층갈고리둥굴레는 약으로 쓰려고 밭에서 심어 기르는 여러해살이풀
이다. 잎이 층층이 나고 끝이 갈고리처럼 휘었다. 둥굴레는 줄기가 활처
럼 기울면서 크는데, 층층갈고리둥굴레는 곧게 자란다. 뿌리줄기가 옆
으로 뻗는데 봄가을에 캐서 약으로 쓴다. 기운이 없을 때나 앓고 난 뒤
에 달인 물을 먹으면 힘이 솟는다. 어지럽고, 귀에서 소리가 나고, 눈앞
에 별 같은 것이 반짝반짝 보일 때, 머리카락이 일찍 하얘질 때 먹는다.
허파를 튼튼하게 해서 기침이 나고 가래가 나올 때 먹으면 좋다.

약재 이름 초오

분류 미나리아재비과
키 100cm 안팎
꽃 피는 때 9월
열매 맺는 때 10월
약으로 쓰는 곳 덩이뿌리
거두는 때 늦가을

투구꽃 진돌쩌귀 *Aconitum jaluense*

투구꽃은 깊은 산속에서 자라는 여러해살이풀이다. 꽃 모양이 머리에 쓰는 투구처럼 생겼다고 '투구꽃'이다. 뿌리를 약으로 쓰는데 사람이 죽을 정도로 독이 세서 조심해야 한다. 마늘쪽처럼 생긴 덩이뿌리에서 줄기가 올라온다. 늦가을에 덩이뿌리를 캐서 볕이나 불에 쬐어 말린 뒤 찬물에 담가 아린 맛이 없어질 때까지 물을 줄곧 갈아 준다. 이렇게 독을 뺀 뒤 감초와 검정콩을 넣고 삶은 뒤 다시 볕에 말린다. 머리가 아프거나 이빨이 쑤시고 아플 때, 뼈마디가 아플 때 약으로 쓴다.

약재 이름 석죽

분류 석죽과
키 30cm
꽃 피는 때 7~9월
열매 맺는 때 9~10월
약으로 쓰는 곳 뿌리를 뺀 풀 전체
거두는 때 여름~가을

패랭이꽃 패랭이 *Dianthus chinensis*

패랭이꽃은 볕이 잘 들고 메마른 길가나 풀밭, 산기슭, 강가 모래밭에서
자라는 여러해살이풀이다. 줄기는 풀색인데 흰 더께가 낀 것처럼 희끄
무레하다. 뾰족한 잎이 길쭉하게 마주난다. 한여름부터 가을 들머리까
지 자줏빛 꽃이 핀다. 꽃잎은 다섯 장인데 끝이 터실터실하다. 꽃과 열
매가 달려 있을 때 포기째 베어 햇볕에 말린 뒤 약으로 쓴다. 몸이 붓고
오줌을 못 눌 때 달여 먹는다. 열이 나거나 피멍이 들었거나 달거리가 없
을 때도 먹는다. 아기를 가진 엄마는 먹으면 안 된다.

약재 이름 피마자

분류 대극과
키 200~300cm
꽃 피는 때 8~9월
열매 맺는 때 10월
약으로 쓰는 곳 열매
거두는 때 가을

피마자 피마주^북, 아주까리 *Ricinus communis*

피마자는 밭둑이나 길가에서 기르는 한해살이풀이다. 어른 키보다 크게 자라고 나무처럼 가지를 친다. 한여름부터 노란 수꽃과 빨간 암꽃이 핀다. 가을에 둥근 열매가 달리는데, 속에 단단하고 얼룩덜룩한 씨가 들어 있다. 씨에서 기름을 짜 약으로 쓴다. 속이 더부룩하고 체했거나 똥이 굳어 안 나올 때, 열이 날 때 먹는다. 살갗이 헐거나 종기나 부스럼이 난 곳에는 기름을 바른다. 독이 있어서 아이나 아기를 가진 엄마는 먹으면 안 된다.

약재 이름 하수오

분류 마디풀과
키 100~300cm
꽃 피는 때 8~9월
열매 맺는 때 9월
약으로 쓰는 곳 덩이뿌리
거두는 때 가을, 봄

하수오 적하수오^북 *Fallopia multiflora*

하수오는 밭에 심어 기르는 여러해살이풀이다. 뿌리줄기는 옆으로 길게 뻗고 군데군데 고구마처럼 생긴 굵은 덩이뿌리가 땅속 깊이 파고든다. 사시랑이 줄기가 다른 물체를 왼쪽으로 감아 올라간다. 봄가을에 뿌리를 캐서 물에 달여 약으로 쓴다. 몸이 허약하고 오래 앓았을 때 먹으면 기운이 난다. 가슴이 두근거리고 잠이 안 올 때 먹으면 마음이 가라앉는다. 아기를 가진 엄마가 먹으면 배 속 아기가 편안하게 자리 잡는다. 똥이 굳어서 안 나올 때 먹어도 좋다.

약재 이름 백두옹

분류 미나리아재비과
키 30~40cm
꽃 피는 때 4~5월
열매 맺는 때 오뉴월
약으로 쓰는 곳 뿌리
거두는 때 가을, 봄

할미꽃 노고초 *Pulsatilla koreana*

할미꽃은 둘레가 탁 트여 햇볕이 잘 드는 산기슭이나 들판에 피는 여러해살이풀이다. 무덤가에 많이 자란다. 뿌리에서 바로 잎이 뭉쳐 나온다. 온몸에 흰털이 덥수룩하게 난다. 사오월에 붉은 자줏빛 꽃이 고개를 푹 숙이고 피는데, 꽃잎처럼 보이는 건 꽃받침이다. 뿌리는 열을 내리고 염증이나 병균을 없앤다. 배탈이 나고 물똥을 쌀 때, 코피가 날 때 달여 먹는다. 뼈마디가 쑤실 때 먹어도 좋다. 달인 물로 무좀이나 부스럼이 난 곳을 씻으면 잘 낫는다. 하지만 독이 있어서 조심해야 한다.

약재 이름 향부자

분류 사초과
키 15~40cm
꽃 피는 때 7~8월
열매 맺는 때 가을
약으로 쓰는 곳 덩이줄기
거두는 때 가을

향부자 약방동사니 ^북 *Cyperus rotundus*

향부자는 바닷가나 개울가 모래밭, 논둑, 밭둑에서 자라는 여러해살이
풀이다. 약으로 쓰려고 밭에서 기르기도 한다. 따뜻한 남쪽 지방에서
많이 자란다. 땅속 덩이줄기에서 난초 잎처럼 길쭉한 잎이 무더기로 나
온다. 덩이줄기를 약으로 쓰는데 좋은 냄새가 난다. 달거리가 띄엄띄엄
있거나 아예 없을 때, 달거리할 때나 아기 낳은 뒤 배가 아플 때 먹으면
좋다. 오래 먹으면 기운이 나고 더부룩한 속을 풀어 준다. 생잎을 짓이
겨 곪은 곳에 붙이면 빨리 낫는다.

약재 이름 향유

분류 꿀풀과
키 30~60cm
꽃 피는 때 8~9월
열매 맺는 때 10월
약으로 쓰는 곳 뿌리를 뺀 풀 전체
거두는 때 10~11월

향유 노야기 *Elsholtzia ciliata*

향유는 볕이 잘 드는 길가에서 흔히 자라는 한해살이풀이다. 꽃에서 향 긋한 냄새가 난다. 줄기는 네모나고 보드라운 털이 났다. 한여름부터 가 지 끝에 분홍빛 꽃이 잔뜩 모여 핀다. 가을에 씨가 맺히는데 물에 젖으 면 끈적끈적하다. 꽃이 필 때부터 열매가 익을 무렵까지 베어다 그늘에 서 말려 약으로 쓴다. 여름 감기에 걸려 오슬오슬 춥고 열이 날 때 달여 먹으면 좋다. 더위를 먹어 토하고 물똥을 쌀 때, 몸이 부었을 때도 먹는 다. 생풀을 짓찧어 종기에 붙이면 잘 낫는다.

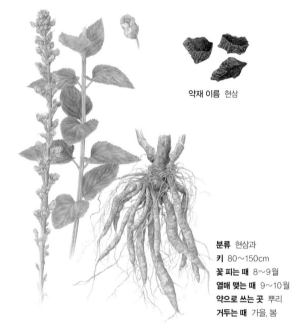

약재 이름 현삼

분류 현삼과
키 80~150cm
꽃 피는 때 8~9월
열매 맺는 때 9~10월
약으로 쓰는 곳 뿌리
거두는 때 가을, 봄

현삼 *Scrophularia buergeriana*

현삼은 산에서 자라는 여러해살이풀이다. 경상도에서는 많이 심어 기른다. 뿌리가 인삼을 닮았고 햇볕에 나오면 속살이 까맣게 바뀐다고 '현삼'이다. 줄기는 네모나고 곧게 자란다. 잎은 마주나고 한여름부터 풀빛 꽃이 자잘자잘 핀다. 뿌리는 길쭉하고 두툼하며 휘뚜루마뚜루 뻗는다. 가을이나 봄에 캐서 볕에 말린 뒤 잘게 썰어서 달여 먹는다. 열을 내리고 기운을 북돋운다. 열이 나서 입안이 마르고 열꽃이 필 때 먹어도 좋다. 또 혈압을 낮추고 결핵을 낫게 한다.

약재 이름 호장근

분류 마디풀과
키 100~150cm
꽃 피는 때 6~8월
열매 맺는 때 9~10월
약으로 쓰는 곳 뿌리줄기
거두는 때 가을, 봄

호장근 감제풀^북, 호장 *Fallopia japonica*

호장근은 산기슭이나 들판, 냇가에서 자라는 여러해살이풀이다. 볕이 잘 들면서 축축한 땅을 좋아한다. 뿌리줄기가 옆으로 뻗으며 싹이 돋는다. 뿌리줄기는 대나무처럼 마디가 지고 단단하다. 가을이나 이른 봄에 뿌리를 캐서 물에 달여 약으로 쓴다. 달거리가 고르지 않을 때나 몸에 피멍이 들었을 때, 뼈마디가 아프고 온몸이 쑤실 때 먹으면 좋다. 오줌을 시원하게 누게 하고, 열을 내린다. 똥이 굳어 안 나올 때도 먹는다. 뱀에 물리거나 상처 난 곳에 잎을 짓이겨 바르기도 한다.

약재 이름 황금

분류 꿀풀과
키 60cm 안팎
꽃 피는 때 7~8월
열매 맺는 때 9월
약으로 쓰는 곳 뿌리
거두는 때 가을, 봄

황금 속썩은풀 *Scutellaria baicalensis*

황금은 약으로 쓰려고 중국에서 들여와 밭에 심어 기르는 여러해살이 풀이다. 강원도나 경기도 위쪽 산과 들에서 가끔 자란다. 여러 해 자란 굵은 뿌리는 속이 썩어서 궁글기 때문에 '속썩은풀'이라고 한다. 가을 이나 봄에 뿌리를 캐서 겉껍질을 벗겨 낸 뒤 땅볕에 말려 약으로 쓴다. 잘게 썰어 달여 먹으면 편도나 목구멍에 생긴 염증, 입안 염증, 위염, 장 염 같은 여러 가지 염증에 좋다. 또 엄마 배 속에 있는 아기가 자리를 잘 잡도록 도와준다.

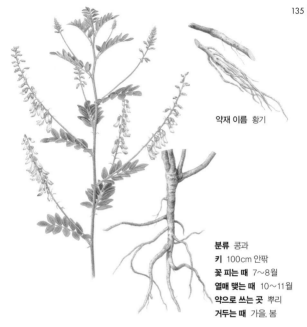

약재 이름 황기

분류 콩과
키 100cm 안팎
꽃 피는 때 7~8월
열매 맺는 때 10~11월
약으로 쓰는 곳 뿌리
거두는 때 가을, 봄

황기 단너삼북, 기초 *Astragalus mongholicus*

황기는 뿌리를 약으로 쓰려고 밭에서 기르는 여러해살이풀이다. 줄기는 곧추서고 가지를 많이 친다. 온몸에 자잘한 털이 났다. 아까시나무 잎처럼 생긴 쪽잎이 여러 장 마주 달린다. 가을이나 이른 봄에 뿌리를 다치지 않게 잘 캔다. 물에 씻어 껍질을 벗긴 뒤 그늘에서 말린다. 뿌리가 곧고 길고 하얀 것이 좋다. 꼭지는 떼고 쓴다. 땀 나는 것을 멈추고 기운을 북돋운다. 밥맛이 없고 몸이 지칠 때 먹어도 좋다. 또 오줌이 잘 나오게 하고 설사를 멎게 하고 혈압을 낮춘다.

약초 더 알아보기

민들레   엉겅퀴   쑥   애기똥풀

길가나 빈터에서 자라는 약초

봉선화   나팔꽃   수세미오이   피마자

마당에서 자라는 약초

짚신나물   원추리   개미취   족도리풀

산에서 자라는 약초

석창포   질경이택사   갈대   박하

물이나 물가에서 자라는 약초

인삼   도라지   삼백초   알로에

밭에서 기르는 약초

우리 땅에 나는 약초

약초는 '약으로 쓰는 풀'이라는 한자말이다. 우리는 병이 나면 약을 먹는다. 병은 '몸에 탈이 나서 몸을 제대로 못 움직이거나 아프고 괴로운 현상'이다. 병은 바이러스나 세균, 벌레 따위가 몸에 들어와 걸리기도 하고, 몸속에 나쁜 것이 쌓여서 나기도 하고, 부모에게 물려받아 생기기도 한다. 병에 걸리면 빨리 나으려고 약을 먹는다.

약은 '병이나 상처 따위를 고치거나 미리 막기 위해서 먹거나 바르거나 주사 놓는 물질'이다. 또 세균이나 나쁜 벌레를 죽이기도 한다. 병에 알맞은 약을 쓰면 병을 잘 다스리고 낫게 한다.

약초는 풀 가운데 병을 고치는 힘이 도드라진 풀이다. 사람들은 깊은 산속에 있어서 평생 헤매야 한두 뿌리 얻을 수 있는 산삼처럼 약초는 드물고 귀할 거라고 생각한다. 하지만 약초는 우리 가까이에서 많이 찾아볼 수 있다. 우리가 잡초라고 지나치거나 뽑아 버리는 풀 가운데 약초가 아주 많다. 길가나 빈터나 산기슭에서 흔히 보는 민들레, 애기똥풀, 쑥, 제비꽃, 할미꽃, 엉겅퀴 같은 풀들이 죄다 약초다. 마당에서 자라는 나팔꽃, 수세미오이, 봉선화도 약초로 쓴다. 산에서 자라는 감국, 원추리, 개미취, 짚신나물도 약으로 쓰고 물가에서 자라는 갈대, 석창포 같은 풀도 약초다. 우리나라 잡초 가운데 삼분의 일 정도를 약초로 쓸 수 있다고 한다. 우리 겨레는 오랫동안 여러 가지 약초로 병을 다스려 왔다.

인삼

황기

삼지구엽초

만삼

몸을 튼튼하게 하는 약초

박하

열을 내리는 약초

지모

현삼

갈대

도라지

기침감기에 좋은 약초

금불초

향유

맥문동

진득찰

쇠무릎

뼈마디가 아플 때 쓰는 약초

속단

호장근

익모초

여자 몸에 좋은 약초

구절초

참당귀

쑥

약초는 어떤 병을 고칠까?

몸에 병이 나면 약을 먹어서 고친다. 흔히 약국에서 사 먹는 약은 아픈 곳을 낫게 하는 성분만 따로 뽑아서 만든다. 그래서 약을 먹으면 빨리 낫는다. 하지만 그런 약은 부작용이 세고 자꾸 먹을수록 몸이 익숙해져서 점점 더 센 약을 먹어야 한다.

약초는 살아있는 풀이기 때문에 여러 가지 성분이 함께 들어 있다. 그래서 딱 한 가지 병만 고치지 않고 두루두루 병을 낫게 하는 힘이 있다. 또 병만 고치려 하지 않고 몸이 병을 이길 수 있도록 기운을 북돋운다. 한 가지 성분만 뽑아서 만든 약보다 부작용이 덜 하고, 금방 낫기보다는 꾸준히 먹어야 낫는다.

우리 겨레는 수천 년 동안 여러 가지 약초로 몸과 병을 다스려왔다. 하지만 약초는 다른 말로 하면 독초라고 할 수 있어서 조심해서 써야 한다. '병은 사람을 못 잡아도 약은 사람을 잡는다'는 속담이 있을 정도다. 약초는 꼭 필요한 곳에 알맞게 써야 한다. 올바르게 약을 쓰려면 어떤 몸바탕을 가진 사람이 아픈지, 어디가 어떻게 아픈지, 어떻게 살다가 병이 났는지를 잘 헤아려야 한다. 또 약과 함께 먹지 말아야 할 것과 먹으면 안 되는 사람도 가려야 한다. 더구나 독이 아주 센 풀은 함부로 먹으면 안 된다.

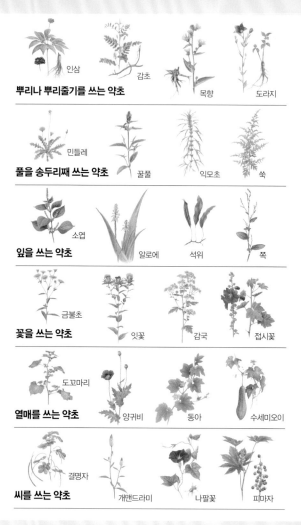

인삼

감초

뿌리나 뿌리줄기를 쓰는 약초

목향

도라지

민들레

풀을 송두리째 쓰는 약초

꿀풀

익모초

쑥

소엽

잎을 쓰는 약초

알로에

석위

쪽

금불초

꽃을 쓰는 약초

잇꽃

감국

접시꽃

도꼬마리

열매를 쓰는 약초

양귀비

동아

수세미오이

결명자

씨를 쓰는 약초

개맨드라미

나팔꽃

피마자

약초 캐기

약초를 캐려면 어디서 자라는지, 어느 때에 캐는지, 어디를 쓰는지 알아야 한다. 약으로 쓰는 곳에 따라 거두는 때가 달라서 제때 거두어야 약효를 제대로 볼 수 있다.

뿌리를 약으로 쓰는 약초는 봄이나 가을에 캔다. 싹이 안 돋았거나 풀이 시들면 뿌리에 영양분이 많이 들어 있기 때문이다. 그런데 어느 약초인지 알아볼 잎이 없어서 찾기가 쉽지 않다. 잎, 줄기, 꽃, 뿌리 모두를 약으로 쓸 때는 꽃이 활짝 피기 전에 거두는 것이 좋다. 꽃이 활짝 피려면 영양분을 많이 쓰기 때문이다. 잎을 쓰는 약초는 꽃이 필 때쯤 거둔다. 이때 풀이 가장 기운차고 영양분이 많다. 꽃을 쓰는 약초는 꽃이 필 때, 열매나 씨를 쓰는 약초는 열매가 여물 때 거두면 된다.

약초는 해마다 캐서 쓰는 것도 있지만 몇 해가 지나야 약이 되는 풀도 있다. 당귀는 2~3년, 도라지는 4~5년, 산작약은 15년은 되어야 약으로 쓸 수 있다. 그래서 무작정 캐지 말고 필요한 만큼만 캐야 다음에도 쓸 수 있다. 씨로 퍼지는 약초는 씨를 둘레에 심어 놓고, 뿌리줄기로 퍼지는 약초는 뿌리줄기를 심어 놓는다. 잎이나 꽃이나 열매를 거둘 때는 풀이 자라는 것을 해치지 않을 만큼만 거둔다. 풀을 송두리째 쓸 때는 싹 다 거두지 말고 여기저기를 돌아가면서 거두어야 해마다 거둘 수 있다.

민들레

햇볕에 말리는 약초　제비꽃　익모초　엉겅퀴

약모밀

그늘에서 말리는 약초　쑥　잇꽃　애기똥풀

봉선화

생풀을 짓찧어 쓰는 약초　수세미오이　민들레　쑥

지황

쪄서 쓰는 약초　하수오　층층갈고리둥굴레　천마

삽주

구워서 쓰는 약초　감초　황기　투구꽃

약재 만들기

약초를 거둔 뒤에는 약으로 쓸 수 있게 만들어야 한다. 먼저 약으로 쓸 수 있는 곳을 잘 갈무리한다. 썩거나 무르거나 부스러진 것은 골라낸다. 뿌리를 캐면 깨끗하게 씻고 잔뿌리나 꼭지처럼 쓸모없는 곳은 버린다. 풀포기나 꽃이나 열매나 씨에는 흙과 다른 잡티가 섞이지 않도록 한다. 거둔 약초는 햇볕이나 그늘이나 불을 때서 잘 말린다. 그래야 약재가 썩거나 성질이 바뀌지 않고 약효를 그대로 지니게 된다. 또 곰팡이가 피거나 벌레가 꾀지 않도록 한다. 이렇게 만든 약재는 약효를 더 높이거나 독을 빼거나 약효를 다르게 만들기 위해 여러 가지 방법으로 다시 만든다. 한자말로 '포제'라고 한다. 포제하는 방법은 손쉽게 불순물을 없애거나, 약재를 자르고 짓찧어 쓰기 좋게 하거나, 물이나 쌀뜨물이나 술에 담그는 것이 있다. 조금 더 복잡한 방법으로는 약재를 볶거나 달구거나 굽거나 찌거나 삶는 방법이 있다. 이때는 술, 소금물, 꿀, 쌀뜨물, 생강즙, 참기름 따위를 써서 원하는 약효를 낼 수 있도록 한다.

쇠무릎　　봉선화

아기 가진 엄마가 먹으면 안 되는 약초

잇꽃　　피마자

할미꽃　　천남성　　반하　　투구꽃

독이 있는 풀

절단기

약연

약탕기

저울

절구

약 짜는 기구

약장

약 만들 때 쓰는 기구

약으로 먹기

약재는 흔히 달여서 많이 먹는데 약재에 따라 오래 달이기도 하고 재빨리 달이기도 한다. 센 불보다는 약한 불로 뭉근하니 달여야 약 성분이 잘 우러나온다. 보통 약재는 30~40분 끓이고, 보약은 1~2시간, 특이한 냄새가 있는 약은 20~25분쯤 끓인다. 달인 물을 약재와 함께 약수건에 쏟아 꽉 비틀어 짠다. 한 번 끓여 낸 약 찌꺼기는 말렸다가 다시 한 번 달인다. 먼저 달인 약과 나중에 달인 약을 섞어서 먹는다. 또 약재를 가루 내거나 가루를 알약으로도 만든다. 짓찧어 붙이거나 찐득찐득한 고약을 만들어 붙이기도 한다. 술에 담가 약술을 만들어 먹거나 뜸을 뜨기도 한다.

달인 물은 몸에서 금방 빨아들이고, 알약은 천천히 빨아들인다. 약 성질이나 몸 상태에 따라 가려 먹는다. 또 살갗에 난 상처에는 약초를 짓찧어 바르거나 고약을 만들어 붙인다. 달인 물로 씻어내기도 한다. 약은 거의 하루 세 번 밥 먹은 뒤에 먹는다. 하지만 보약은 밥 먹기 전에 먹고, 구충약이나 설사약은 아침 빈속에 먹는 것이 좋다. 병이 위급할 때는 시간을 따지지 않고 아무 때나 먹는다. 약을 먹을 때는 나이나 체질에 따라 알맞은 양을 알맞은 때에 꾸준히 먹어야 한다. 또 함께 먹으면 안 되는 음식은 삼가고, 아기를 가진 엄마는 더욱 조심해서 먹는다.

본초학과 약재

우리나라와 중국, 일본은 오랫동안 어떤 풀들을 약으로 쓸 수 있을까 연구해 왔다. 이것을 '본초학(本草學)'이라고 한다. 본초학은 풀만 아니라 약으로 쓸 수 있는 나무, 곡식, 짐승, 벌레, 물고기, 돌까지도 함께 연구한다. 그리고 그 연구 성과를 나라끼리 주고받아 자기 나라에 알맞게 고치고 연구해 왔다.

옛 사람들은 꼭 의사를 찾아가지 않더라도 집에서 병을 다스리려고 여러 약초를 캐다가 달이거나 가루를 내거나 술을 담그며 스스로 약을 만들어 썼다. 지금도 기침감기에 도라지를 끓여 먹거나 눈이 침침할 때 결명자 씨를 끓여 먹는 것처럼 병원에 가지 않고도 손쉽게 구할 수 있는 약재로 집에서 약을 지어 먹는다.

약초 하나에도 병을 미리 막거나 누그러뜨리거나 고치는 힘이 있다. 한의학에서는 한 가지 약초로 병을 고칠 때 '단방(單方)'이라고 한다. 《동의보감》 서문에는 "가난한 시골과 외딴 마을은 의사와 약이 없어서 일찍 죽는 사람이 많다. 우리나라에서는 토박이 약초들이 많이 나지만 사람들이 잘 모르고 있으니 토박이 약초를 나누고 이름을 함께 써서 백성들이 알게 쉽게 하라."고 나와 있다.

약초를 쓰는 원리

우리는 한의원에 가면 '한약'을 지어 먹는다. 한약은 여러 가지 약재를 섞어 만든 약이다. 한의사가 병든 사람을 진찰하고 난 뒤 사람마다 체질과 병을 헤아려서 약을 만든다. 그래서 우리가 집에서 쉽게 할 수 있는 민간요법과는 다르다. 민간요법은 흔히 약초 한 가지로 약을 만든다.

약초에는 여러 가지 성분이 함께 들어 있다. 약국에서 파는 양약은 여러 가지 성분 가운데 한 가지 성분을 뽑아서 약을 만들 때가 많다. 하지만 한의학에서는 살아 있는 약초를 약재로 만들어 그대로 약을 쓴다. 그래서 양약과는 다르게 한 가지 약초로 여러 가지 병에 두루두루 쓸 수 있다. 또 양약은 어떤 병에 효과가 있는 성분 하나에 들어 있는 생리학, 화학 약리 반응을 중요하게 생각한다. 하지만 한약은 사람마다 다른 몸바탕과 약초가 가진 맛과 성질을 중요하게 생각해서 약을 쓴다. 그래서 양약은 모든 사람에게 똑같이 쓰지만, 한약은 '백인백색(百人百色), 일인일약(一人一藥)'이라고 해서 저마다 몸에 맞게 약을 쓴다. 양약은 한 가지 성분을 뽑아 쓰기 때문에 효과가 빠르게 나타나지만 쓰는 양을 못 맞추면 부작용이 심하게 나타날 수 있다. 또 병을 일으키는 세균이나 바이러스는 약을 쓸수록 견디는 힘이 생겨서 양을 늘려약을 점점 더 많이 쓰거나 센 약을 써야 하고 결국은 아무리 약을써도 안 들을 수도 있다. 하지만 한약은 살아 있는 약초로 만들었기 때문에 양약보다는 효과가 천천히 나타나지만 몸에 부담이 덜하고 오랫동안 우리 겨레가 먹어왔기 때문에 조금 더 안심하고 먹을 수 있다.

음양

한의학에서는 사람 몸에 음양이 잘 어울려 깨지지 않아야 몸을 건강하게 지킬 수 있다고 본다. '양'은 밝은 것, 더운 것, 올라가는 것, 활발한 것 따위를 말한다. '음'은 어두운 것, 내려가는 것, 조용한 것 따위를 말한다. 음과 양은 따로 떨어져 있지 않고 하나가 커지면 다른 쪽은 작아지면서 서로 이어져 있다.

이렇게 음과 양이 잘 어울리지 않고 깨졌을 때 병이 난다. 지나친 것도 병이고, 모자란 것도 병이다. 체온이 높아져도 병이고, 낮아져도 병인 것이다. 음이 많거나 부족할 때 양 성질을 가진 약으로, 양이 많거나 부족할 때는 음 성질을 가진 약으로 병을 다스려야 한다고 본다.

기(성질)

약에는 네 가지 성질이 있다. 한자말로 '기(氣)'라고 한다. 찬 성질, 더운 성질, 따뜻한 성질, 서늘한 성질이다. 이 '네 가지 기(氣)'를 '한열온량(寒熱溫涼)'이라고 한다. 네 가지 성질에 '평(平)'한 성질 하나를 더 보태기도 한다.

약초를 쓸 때는 이 네 가지 기를 잘 살펴서 쓴다. 찬 기와 서늘한 기는 '음'에 속하는 성질이어서 열을 내리고 음을 보하는 약효를 낸다. 더운 기와 따뜻한 기는 '양'에 속하는 성질로 차가움을 없애고 몸을 덥혀 주며 양기를 보하는 약효를 낸다. 예를 들어 몸에 열이 나면 차거나 서늘한 기를 가진 약을 쓴다. 몸이 차갑고 얼굴이 새파래질 때는 따뜻하게 하거나 더운 기를 가진 약을 쓴다.

맛

약초에는 매운맛, 단맛, 신맛, 쓴맛, 짠맛 이렇게 다섯 가지 맛이 있다. 때로는 다섯 가지 맛과 함께 아무 맛도 없이 심심한 맛도 함께 쳐준다. 옛사람들은 맛을 보고 그 약효를 밝혀내려고 했다. 신맛, 쓴맛, 짠맛은 '음'에 속하고 매운맛, 단맛, 싱거운 맛은 '양'에 속한다. 또 다섯 가지 맛은 서로 친한 내장 기관이 있어서 그 내장 기관 때문에 병이 났을 때 거기에 맞춰서 약으로 쓴다. 아기를 가진 엄마가 갑자기 신 것이 당긴다거나 병이 나더니 입맛이 바뀌었다는 것을 보면 맛과 내장 기관이 서로 이어져 있음을 알 수 있다.

같은 맛을 가진 약초도 성질이 다르면 약효가 달라진다. 거꾸로 성질은 같아도 맛이 다르면 약효가 다르다. 따스한 성질 한 가지에도 맛이 맵거나, 달거나, 쓰거나, 시거나, 짜면서 성질이 따스한 것이 있다. 또 성질이 찬 것도 맛이 시거나, 쓰거나, 달거나, 맵거나, 짜면서 성질이 찬 것이 있다.

매운맛 땀을 내고 기와 피가 잘 돌게 한다. 소엽이나 박하는 땀을 내고 나쁜 기운을 흩어지게 하며, 목향은 기가 잘 돌게 하고, 궁궁이는 피가 잘 돌게 한다. 매운 음식을 먹으면 숨을 깊게 들이마시고 입을 크게 벌려 호호 불어 낸다. 이것을 보면 매운맛이 허파와 친한 것을 알 수 있다.

단맛 모자란 것을 채우거나 누그러뜨리거나 부드럽게 하는 힘이 있다. 인삼, 황기는 기를 보태고 숙지황이나 맥문동은 피와 음을 보태며 감초는 누그러뜨린다. 당분은 영양이 많고 소화를 시켜 힘이 나게 하기 때문에 단맛은 소화를 맡은 비(脾)와 친하다.

신맛 아물게 하고 멎게 하는 힘이 있다. 신맛은 독을 풀어 주는 간 (肝)과 친하다.

쓴맛 몸에서 습기를 없애고 흥분을 가라앉히고 열을 내린다. 깽깽 이풀이나 고삼은 몸에 있는 습기를 없앤다. 쓴맛은 흥분을 가라앉 히는 힘이 있어서 염통과 친하다.

짠맛 굳은 것을 무르게 하고 설사를 일으킨다. 망초(芒硝)(황산나 트륨)라는 광물성 약재는 똥이 굳어 안 나오는 병을 고친다. 짠 음 식을 먹으면 물을 많이 마시게 된다. 콩팥과 친하다.

작용 방향

약이 몸에 들어가 작용하는 방향은 크게 네 가지가 있다. 몸 위 로 향하는 방향(승), 아래로 향하는 방향(강), 밖으로 향하는 방향 (부), 안으로 향하는 방향(침)이다. 한자말로 '승강부침(昇降浮沈)'이 라고 한다. 위나 밖으로 향하는 것은 '양', 안과 아래로 향하는 것은 '음'에 속한다.

위와 밖으로 향하는 힘이 있는 약초는 게우게 하거나 땀을 내 거나 설사를 멈추게 한다. 안과 아래로 향하는 힘이 있는 약초는 열을 내리고, 오줌을 누게 하고, 설사가 나게 한다. 이런 작용 방향 은 약초 맛과 성질에 따라 갖게 된다. 약 성질이 덥거나 따스하면 위나 밖으로 향하는 힘이 있고, 차거나 서늘하면 아래나 안으로 향하는 힘이 있다. 맛이 맵거나 달거나 싱거운 약은 위와 밖으로 향하는 힘이 있고, 맛이 시거나 쓰거나 짠 약은 아래나 안으로 향 하는 힘이 있다.

그래서 몸에 병이 나면 병이 나타나는 곳과 어떻게 진행되는지를 잘 따져서 알맞은 작용 방향을 가진 약을 써야 한다. 거슬러 올라가는 증세에는 내리는 약을 쓰고, 아래로 처지는 증세에는 끌어올리는 약을 써서 고친다.

보사 작용

한의학에서는 몸에 병이 생기면 정기와 병 사이에 싸움이 생겼다고 본다. 정기가 약해지면 허증(虛症)으로, 병 힘이 더 세면 실증(實症)으로 나타난다고 한다. '허증'이란 몸에 정기가 모자라서 쇠약해진 것을 말하고, '실증'이란 병 힘이 세니까 몸에서 그에 맞서는 어떤 기능이 훨씬 더 높아져서 나타나는 것을 말한다.

그래서 약을 쓸 때도 허증에는 기운을 북돋아 주는 약을 쓰고, 실증에는 병세를 누그러뜨리거나 높아진 기능을 낮추는 약을 쓴다. 다시 말해 허증에는 보(補)하는 약을 쓰고, 실증에는 사(瀉)하는 약을 쓴다. 만일 보약을 실증에 쓰면 병세가 더 들끓어 오르고, 사약을 허증에 쓰면 정기가 더 약해져 병이 더 심해진다.

귀경

우리 몸속에는 오장육부가 있다. 오장(五臟)은 간장(肝), 폐장(肺), 심장(心), 비장(脾), 신장(腎)이고, 육부(六腑)는 대장, 소장, 쓸개, 위, 삼초, 방광을 말한다. 삼초는 내장 기관 이름이 아니라 상초, 중초, 하초라고 해서 호흡 기관, 소화 기관, 비뇨생식 기관을 통틀어 말한다. 약초를 약으로 쓸 때는 약마다 효과를 더 잘 내는 내장 기관에 맞춰 약을 쓴다. 이것을 한자말로 '귀경(歸經)'이라고 한다. 쉽게 말해서 몸에 열이 나면 폐가 아파서 열이 나는지,

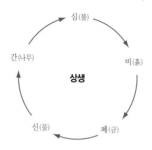

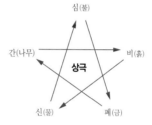

위가 아파서 열이 나는지, 간이 아파서 열이 나는지를 가려내서 거기에 잘 듣는 약을 써야 한다는 것이다. 귀경은 약초가 가진 맛과 성질에 가깝게 이어져 있다. 옛 책에는 약초마다 친한 오장육부를 적어 놓았다.

한의학에서는 음양오행설에 따라 오장은 서로 영향을 주고받는다고 본다. 그래서 폐가 아프더라도 실은 심장에서 난 병 때문일 수도 있다. 음양오행설에서는 심(心)은 불(火), 비(脾)는 흙(土), 폐(肺)는 쇠(金), 신(腎)은 물(水), 간(肝)은 나무(木)라고 한다. 이 다섯 가지 힘은 서로 돕기도 하고 억누르기도 한다. 이를 '상생상극(相生相剋)'이라고 한다. 상생은 '물은 나무를 낳는다(水生木)', '나무는 불을 낳는다(木生火)', '불은 흙을 낳는다(火生土)', '흙은 쇠를 낳는다(土生金)', '쇠는 물을 낳는다(金生水)', 그리고 다시 '물은 나무를 낳는다(水生木)'로 서로 돕는다. 상극은 '물은 불을 이긴다(水克火)', '불은 쇠를 이긴다(火克金)', '쇠는 나무를 이긴다(金克木)', '나무는 흙을 이긴다(木克土)', '흙은 물을 이긴다(土克水)'고 한다.

본초학에서 약을 쓰는 원리를 밝혀 보았다. 본초학에서는 이러한 원리를 따져 가며 약을 쓴다. 제법 복잡하지만 이런 관계를 잘 따져 보고 약을 써야 병을 잘 낫게 할 수 있다.

본초학에서 쓰는 말은 요즘 쓰는 말과 달라서 얼른 이해하기 어렵다. 하지만 그 뜻을 천천히 생각해보면 고개를 끄덕일 것이다.

가시연꽃

약재 이름 검인

약재 만드는 법 가을에 익은 열매를 따서 열매껍질을 두드려 씨만 빼낸다. 볕에 말리고 쓰기 전에 작게 깨뜨린다.

약 성질 성질은 평하고 맛은 달며 독이 없다.

약 먹는 때 몸이 약할 때, 허리나 무릎이 저리고 아플 때, 물똥을 줄곧 쌀 때, 오줌을 지릴 때

약 쓰는 법 물에 달이거나 가루 내서 먹는다.

주의할 점 오줌이나 똥을 못 눌 때, 아기를 낳은 엄마가 헛배가 불러올 때는 안 먹는다.

갈대

약재 이름 노근

약재 만드는 법 봄이나 가을에 뿌리줄기를 캐서 볕에 말린 뒤 잘게 썬다.

약 성질 성질은 차고 맛은 달고 독이 없다.

약 먹는 때 열나고 목마를 때, 몸이 부을 때, 토할 때, 황달, 기침, 방광염, 술 마시고 난 뒤

약 쓰는 법 물에 달여 먹는다.

주의할 점 몸이 차고 설사를 자주 하는 사람은 안 먹는다.

감국

약재 이름 감국

약재 만드는 법 가을에 꽃을 따서 끓는 물에 살짝 데친 뒤 그늘에서 말린다.

약 성질 성질은 차지도 따뜻하지도 않다. 맛은 달고 독이 없다.

약 먹는 때 감기, 폐렴, 기관지염, 두통, 현기증, 고혈압, 위염, 장염, 구내염, 임파선염, 악성 종기, 부스럼

약 쓰는 법 물에 달여서 밥 먹고 한 시간 뒤나 속이 비었을 때 먹는다. 생풀을 짓찧어 쓴다.

주의할 점 몸이 찬 사람은 너무 많이 먹지 않는다.

감초

약재 이름 감초
약재 만드는 법 봄가을에 뿌리를 캐서
볕에 말린 뒤 어슷하게 썬다.
약 성질 성질은 차지도 따뜻하지도 않고 맛은 달다.
약 먹는 때 위궤양, 만성위염, 위경련, 설사, 기침, 기관지염,
천식, 간염, 습진, 부스럼, 약물중독, 식중독, 독버섯 중독
약 쓰는 법 물에 달여 아침저녁으로 먹는다.
주의할 점 신장병이나 고혈압이 있는 사람은 오래 먹거나
많이 먹지 않는다.

개맨드라미

약재 이름 청상자
약재 만드는 법 가을에 씨를 털어 볕에 말린다.
약 성질 성질은 조금 차고 맛은 쓰다.
약 먹는 때 눈이 빨개지고 붓고 아플 때, 머리가 아프고
어지러울 때, 몸이 가려울 때, 고혈압
약 쓰는 법 물에 달여 먹는다.

개미취

약재 이름 자완
약재 만드는 법 봄가을에 뿌리를 캐서
그늘에서 말린 뒤 잘게 썬다.
약 성질 성질이 따뜻하고(평하다고도 한다)
맛은 쓰고 매우며 독이 없다.
약 먹는 때 기침, 기관지 염증, 감기, 오줌이 안 나올 때
약 쓰는 법 물에 달여 먹는다.
주의할 점 몸에 열이 많은 사람에게는 안 좋다.

갯기름나물

약재 이름 식방풍

약재 만드는 법 가을이나 봄에 뿌리를 캐서
볕에 말린 뒤 잘게 썬다.

약 성질 성질은 조금 따뜻하고 맛은 맵고 시다.

약 먹는 때 감기에 걸려서 오슬오슬 춥고, 열이 나고, 머리가
아프고, 몸이 무지근하고 욱신거릴 때

약 쓰는 법 물에 달여 먹는다.

결명자

약재 이름 결명자

약재 만드는 법 가을에 씨를 털어서 말린 뒤 불에 볶는다.

약 성질 성질은 차지도 따뜻하지도 않은데 조금 차다고도
한다. 맛은 짜고 쓰며 독이 없다.

약 먹는 때 눈이 침침할 때, 밤눈이 어두울 때,
소화가 안 될 때, 똥이 안 나올 때

약 쓰는 법 물에 달여 먹는다.

주의할 점 설사가 잦거나 혈압이 낮은 사람은 안 먹는다.

고삼

약재 이름 고삼

약재 만드는 법 가을이나 이른 봄에 뿌리를 캐서
겉껍질을 벗긴 뒤 썰어서 햇볕에 말린다.

약 성질 성질은 차고 맛은 쓰다.

약 먹는 때 열이 날 때, 오줌이 잘 안 나올 때, 변비, 습진,
살갗이 가려울 때, 옴, 트리코모나스질염

약 쓰는 법 물에 달이거나 가루를 내거나 알약을 만들어 먹는다.

주의할 점 몸이 약하고 위장이 약하거나 아기를 가진
엄마는 안 먹는다.

골풀

약재 이름 등심초
약재 만드는 법 꽃이 필 때쯤 풀 줄기를 베어다
겉껍질을 벗기고 속살을 뽑아서 햇볕에 말린 뒤 썬다.
약 성질 성질은 차고 맛은 달며 독이 없다.
약 먹는 때 오줌을 시원하게 못 눌 때, 몸이 붓고 열이 날 때,
가슴이 뛰고 답답하고 밤에 잠이 안 올 때
약 쓰는 법 물에 달여 먹는다.

관중

약재 이름 관중
약재 만드는 법 가을이나 이른 봄에 뿌리를 캐서
잎줄기와 수염뿌리를 없애고 햇볕에 말린 뒤 잘게 썬다.
약 성질 성질은 조금 차다. 맛은 쓰고 독이 조금 있다.
약 먹는 때 몸속 기생충을 없앨 때, 홍역, 뇌염, 폐렴,
코피가 날 때, 똥에 피가 섞여 나올 때
약 쓰는 법 물에 달이거나 가루를 내거나 알약을 만들어 먹는다.
주의할 점 아기를 가진 엄마나 위가 약한 사람은 안 먹는다.

구절초

약재 이름 구절초
약재 만드는 법 가을에 꽃과 잎이 달린 줄기째 벤다.
그늘지고 바람이 잘 통하는 곳에서 말린 뒤 잘게 썬다.
약 성질 성질은 차지도 따뜻하지도 않으며 맛은 달고 약간 쓰다.
약 먹는 때 달거리가 없거나 띄엄띄엄 있을 때, 달거리하면서
배가 아플 때, 여자들 손발이나 아랫배가 찰 때, 냉이 있을 때,
아기를 낳은 뒤 몸이 아플 때, 임신이 안 될 때, 폐렴,
기관지염, 고혈압, 소화가 안 될 때
약 쓰는 법 물에 달이거나 생즙을 졸여 조청을 만들어 먹는다.

금불초

약재 이름 선복화
약재 만드는 법 꽃이 활짝 피었을 때 따서 그늘에 말린다.
약 성질 성질은 조금 따뜻하다. 맛이 짜고 달다.
약 먹는 때 가래, 기침, 천식, 소화가 안 될 때, 토할 때
약 쓰는 법 물에 달여 먹는다.
주의할 점 설사를 할 때는 안 먹는다.

깽깽이풀

약재 이름 모황련
약재 만드는 법 봄가을에 뿌리를 캔다. 수염뿌리를 없애고
볕에 말린 뒤 썬다. 그냥 볶거나 생강즙에 볶기도 한다.
약 성질 성질은 차고 맛은 쓰고 독이 없다.
약 먹는 때 소화가 안 될 때, 입맛이 없을 때, 물똥을 쌀 때,
장티푸스, 열이 날 때, 폐결핵, 부스럼
약 쓰는 법 물에 달여 먹는다.
주의할 점 감국, 현삼, 백선 뿌리껍질과 섞어 쓰지 않는다.

꼭두서니

약재 이름 천초근
약재 만드는 법 봄이나 가을에 뿌리를 캐서
볕에 말린 뒤 잘게 썬다.
약 성질 성질은 차고 맛이 달며 독이 없다.
약 먹는 때 피를 토할 때, 코피 날 때, 똥오줌에 피가 섞여
나올 때, 아기를 낳고 피가 계속 나올 때, 관절염
약 쓰는 법 물에 달이거나 가루를 낸다. 입안에 염증이
생기거나 목이 붓거나 잇몸에 염증이 생겼을 때는
달인 물로 입을 헹군다.
주의할 점 지금은 암을 일으킨다고 약으로 안 쓴다.

꿀풀

약재 이름 하고초

약재 만드는 법 꽃이 필 때 뿌리째 거둬서 그늘에 말린다.
말린 것을 잘게 썬다. 생풀을 쓴다.

약 성질 성질은 차고 맛은 맵고 쓰다.

약 먹는 때 간염, 폐결핵, 임파선염, 위염, 방광염, 신장염,
고혈압, 악성 종양, 눈이 붉게 부어 아플 때

약 쓰는 법 말린 약재를 물에 달이거나 가루로 빻는다.
종기나 종양에는 생풀을 짓찧어 붙이고 눈이 아플 때는
달인 물로 눈을 씻어 낸다.

나팔꽃

약재 이름 견우자

약재 만드는 법 잘 익은 씨를 털어 햇볕에 말린 뒤
물에 불리거나 볶아서 쓴다.

약 성질 성질은 차고 맛은 쓰고 독이 있다.

약 먹는 때 몸이 부을 때, 변비, 회충, 습성 신장염

약 쓰는 법 물에 달인다. 가루를 내거나 알약을 만든다.

주의할 점 아기를 가진 엄마나 위가 약한 사람은 안 먹는다.
독이 있어서 하루 4g, 한번에 2g을 넘게 먹으면 안 된다.

노루발

약재 이름 녹제초

약재 만드는 법 꽃이 필 때 뿌리째 캐서 햇볕에 말린다.

약 성질 성질은 평하고 맛은 쓰다.

약 먹는 때 잇몸이 붓거나 입에서 냄새가 날 때, 목이
부었을 때, 감기에 걸려 가래가 나올 때, 오줌이 잘 안 나올
때, 뼈마디가 아플 때, 고혈압, 칼에 베이거나 뱀이나 벌레에
물렸을 때, 땀띠나 풀독이나 옻이 올라 살갗이 가려울 때

약 쓰는 법 물에 달여 먹거나 살갗에 바른다. 생풀을
짓찧어 붙인다.

닥풀

약재 이름 황촉규근

약재 만드는 법 가을에 뿌리를 캐서 껍질을 벗긴 뒤
햇볕에 말린다.

약 성질 성질은 차고 맛은 달고 쓰다.

약 먹는 때 위염, 위궤양, 기침, 기관지염, 젖이 안 나올 때,
오줌을 시원하게 못 눌 때

약 쓰는 법 물에 달여 먹는다.

단삼

약재 이름 단삼

약재 만드는 법 가을에 뿌리를 캐서 잔뿌리를 다듬고
씻어서 햇볕에 말린다.

약 성질 성질은 조금 차고 맛은 쓰다.

약 먹는 때 달거리가 고르지 않거나 없을 때, 아기를 낳고
배가 아플 때, 멍이 들거나 뼈마디가 아플 때,
가슴이 답답하고 잠이 안 올 때

약 쓰는 법 물에 달여 먹는다.

담배풀

약재 이름 학슬

약재 만드는 법 가을에 익은 씨를 털어 햇볕에 말린다.

약 성질 성질은 평하고 맛은 쓰다.

약 먹는 때 몸속에 기생충이 있을 때

약 쓰는 법 가루를 내서 먹거나 물에 달여 먹는다.

주의할 점 많이 먹으면 게우거나 머리가 아프다.

도꼬마리

약재 이름 창이자
약재 만드는 법 열매가 익으면 털어서 햇볕에 말린다.
볶아서 쓰기도 한다.
약 성질 성질은 조금 차고 맛은 쓰며 맵고 독이 조금 있다.
약 먹는 때 감기로 머리가 어지럽고 아플 때,
이가 아플 때, 코 막힐 때, 팔다리가 빳빳하게
오그라들면서 아플 때, 옴, 버짐
약 쓰는 법 물에 한 시간쯤 달인다. 살갗이 아픈 곳은
달인 물로 씻거나 가루 내어 뿌린다.

도라지

약재 이름 길경
약재 만드는 법 가을이나 봄에 뿌리를 캐서
햇볕에 말린 뒤 어슷하게 썬다.
약 성질 성질은 조금 따뜻하고 맛이 맵고 쓰며
독이 조금 있다.
약 먹는 때 감기, 기침, 가래, 천식, 인후염, 편도선염,
폐결핵, 폐렴
약 쓰는 법 물에 두세 시간 달인다. 가루로 빻아 먹는다.

동과자(씨)

동과(열매)

동아

약재 이름 동과
약재 만드는 법 열매가 익으면 껍질을 벗겨 얇게 썰어서
햇볕에 말린다. 씨를 훑어 내서 따로 모아 햇볕에 말린다.
약 성질 성질이 조금 차고 맛이 달며 독이 없다.
약 먹는 때 몸이 부을 때, 기침, 가래, 몸에 종기가 났을 때,
얼굴에 주근깨가 났을 때
약 쓰는 법 물에 달이거나 가루를 내어 먹는다.

들현호색

약재 이름 현호색
약재 만드는 법 꽃이 지면 덩이줄기를 캐서 햇볕에 말린다.
끓는 물에 살짝 데쳐서 말리기도 한다. 말린 뒤 잘게 썬다.
약 성질 성질은 따뜻하고 맛은 맵다.
약 먹는 때 달거리로 배가 아플 때, 아기 낳고 배가 아플 때,
배가 아플 때, 뼈마디가 아플 때, 고혈압, 몸에 멍이 들었을 때
약 쓰는 법 물에 달여 먹는다.
주의할 점 아기를 가진 엄마는 안 먹는다.

딱지꽃

약재 이름 위릉채
약재 만드는 법 봄이나 가을에 뿌리째 캐서
햇볕에 말린 뒤 잘게 썬다.
약 성질 성질은 평하고 맛은 쓰다.
약 먹는 때 똥오줌에 피가 섞여 나올 때, 코피가 날 때,
아기집에서 피가 날 때, 내장에서 피가 날 때, 물똥을 쌀 때
약 쓰는 법 물에 달여 먹는다.

마디풀

약재 이름 편축
약재 만드는 법 꽃이 필 때 풀을 베어다
햇볕에 말린 뒤 잘게 썬다.
약 성질 성질은 조금 서늘하고 맛은 쓰다.
약 먹는 때 요도염, 요도결석, 변비, 회충이나 요충이 있을 때,
몸이 붓고 오줌이 안 나올 때, 황달
약 쓰는 법 물에 달여 먹고 달인 물로 살갗을 씻는다.

마타리

약재 이름 패장

약재 만드는 법 가을에 뿌리를 캐서
햇볕에 말린다. 쓰기 전에 잘게 썬다.

약 성질 성질은 조금 차고 맛은 쓰고 짜다.

약 먹는 때 간이 안 좋은 때, 위가 아플 때, 아기를 낳은
뒤 배가 아플 때, 눈알이 빨개질 때, 살갗에 종기나 옴이나
부스럼이 났을 때

약 쓰는 법 물에 달여 먹고 부스럼에는 생풀을 짓찧어 붙인다.
눈병에는 달인 물로 눈을 씻는다.

만삼

약재 이름 만삼

약재 만드는 법 가을이나 봄에 뿌리를 캐서
줄기를 잘라 낸다. 물에 씻은 뒤 볕에 말린다.

약 성질 성질은 평하고 맛은 달다.

약 먹는 때 몸이 허약할 때, 입맛이 없을 때,
오래 앓았을 때, 정신 불안, 기침, 가래

약 쓰는 법 물에 달여 먹는다.

매자기

약재 이름 형삼릉

약재 만드는 법 가을이나 봄에 덩이줄기를 캔다.
줄기와 잔뿌리를 다듬고 껍질을 벗겨 햇볕에 말린다.

약 성질 성질은 평하다. 맛은 맵고 쓰며 독이 없다.

약 먹는 때 아기 낳은 엄마가 배가 아프고 피가 안 멎을 때,
달거리가 없을 때, 젖이 잘 안 나올 때, 소화가 안 될 때

약 쓰는 법 물에 달여 먹는다.

주의할 점 아기 가진 엄마는 안 먹는다.

맥문동

약재 이름 맥문동

약재 만드는 법 늦가을이나 이른 봄에 뿌리를 캔다. 그늘에
말린 뒤 물에 담가 부드러워지면 심을 빼고 햇볕에 말린다.

약 성질 성질은 차고 맛은 달면서 조금 쓰다.

약 먹는 때 기침, 가래, 폐결핵, 폐렴, 몸이 약할 때, 몸에서
열이 나고 가슴이 답답할 때, 당뇨가 있어 목이 마를 때, 변비,
심장이 약할 때, 위염, 젖이 안 나올 때

약 쓰는 법 물에 달여 먹는다.

주의할 점 물똥을 자주 싸거나 열이 심한데도 땀이 안 나고
춥고 떨릴 때는 안 먹는다. 심을 빼고 쓴다.

모시대

약재 이름 제니

약재 만드는 법 가을이나 이른 봄에 뿌리를 캐서
햇볕에 말린다.

약 성질 성질이 차고 맛이 달며 독이 없다.

약 먹는 때 약물중독, 식중독, 뱀에 물리거나 벌레에 쏘였을
때, 기침, 가래, 목 아플 때, 열이 나고 목이 탈 때

약 쓰는 법 물에 달여 먹는다. 날 뿌리를 짓찧어
굵은 곳에 붙인다.

모시풀

약재 이름 저마근

약재 만드는 법 봄가을에 뿌리를 캐서
물에 씻은 뒤 햇볕에 말린다.

약 성질 성질은 차고 맛은 달다.

약 먹는 때 장에서 피가 날 때, 열이 나면서 목이 아플 때,
오줌이 안 나올 때, 똥오줌에 피가 나올 때, 열이 나서
살갗에 열꽃이 피고 부스럼이 날 때, 요도염, 태동 불안

약 쓰는 법 물에 달여 먹는다.

목향

약재 이름 토목향
약재 만드는 법 가을에 뿌리를 캐서 햇볕에 말린다.
약 성질 성질은 따뜻하고 맛은 맵고 독이 없다.
약 먹는 때 소화가 안 될 때, 입맛이 없을 때, 배가 아플 때,
토할 때, 설사, 목이 아프고 가래가 있을 때,
배 속에 기생충이 있을 때
약 쓰는 법 물에 달여 먹는다.

민들레

약재 이름 포공영
약재 만드는 법 꽃이 필 때 뿌리째 캐어다
볕에 말린 뒤 잘게 썬다.
약 성질 성질은 차고 맛은 쓰고 달다.
약 먹는 때 감기, 기침, 가래, 늑막염, 간염, 담낭염,
소화가 안 될 때, 변비, 젖앓이
약 쓰는 법 물에 달여 먹는다. 생풀을 짓찧어 즙을 먹거나
상처 난 곳에 붙인다.
주의할 점 많이 먹으면 설사가 날 수 있다.

박하

약재 이름 박하
약재 만드는 법 여름부터 가을에 풀을 베어 말린다.
약 성질 성질이 따뜻하고 (평하다고도 한다)
맛이 맵고 쓰며 독이 없다.
약 먹는 때 소화가 안 될 때, 두통, 치통, 감기, 목구멍이 붓고
아플 때, 눈이 빨개졌을 때, 부스럼이 났을 때
약 쓰는 법 물에 달이거나 가루로 빻아 먹는다.
즙을 내어 아픈 곳에 바른다.
주의할 점 오래 달이지 않는다.

반하

약재 이름 반하

약재 만드는 법 가을이나 봄에 뿌리를 캐서 소금물에
담가 아린 맛을 우려내거나 생강즙을 넣고 끓여서 속까지
익힌다. 햇볕이나 불에 쬐어 말린 뒤 잘게 썬다.

약 성질 성질은 평하며 맛은 맵고 독이 있다.

약 먹는 때 위염이나 위궤양 때문에 속이 메스껍거나
더부룩하고 토할 때, 가래, 기침

약 쓰는 법 물에 달여 먹는다.

주의할 점 독이 있어서 날로 먹으면 안 된다.
몸이 허약하거나 아기를 가진 엄마는 안 먹는다.

배초향

약재 이름 곽향

약재 만드는 법 꽃이 필 때쯤 풀을 베어
바람이 잘 통하는 그늘에서 말린다.

약 성질 성질은 조금 따뜻하고 맛은 맵다.

약 먹는 때 여름 감기, 입맛 없을 때, 소화가 안 되거나
체했을 때, 토할 때, 설사, 무좀, 부스럼, 입 냄새가 날 때

약 쓰는 법 물에 달여 먹는다.

백미꽃

약재 이름 백미

약재 만드는 법 가을이나 이른 봄에 뿌리를 캐서
햇볕에 말린 뒤 잘게 썬다.

약 성질 성질은 차고 맛은 쓰고 짜다.

약 먹는 때 열이 날 때, 오줌이 잘 안 나올 때,
아기를 낳고 가슴이 답답할 때

약 쓰는 법 물에 달여 먹는다.

백선

약재 이름 백선피

약재 만드는 법 뿌리를 캐서 심을 빼고 껍질을 벗긴다.
벗긴 껍질을 햇볕에 말린 뒤 잘게 썬다.

약 성질 성질은 차고 맛은 쓰다.

약 먹는 때 알레르기성 비염, 기침, 천식, 간염, 열이 날 때,
아기를 낳고 배앓이를 할 때, 오줌을 찔끔찔끔 쌀 때

약 쓰는 법 물에 달이거나 가루를 내거나 알약을 만들어
먹는다. 살갗이 가렵거나 부스럼이 났을 때는
달인 물로 씻는다.

범부채

약재 이름 사간

약재 만드는 법 봄가을에 뿌리를 캐서 햇볕에 말린 뒤
쌀뜨물에 담갔다가 다시 햇볕에 말린다. 잘게 썰어서 쓴다.

약 성질 성질은 평하고 맛은 쓰며 독이 조금 있다.

약 먹는 때 기침이 날 때, 목에서 가랑가랑 소리가 날 때, 목이
붓고 아플 때, 목에 염증이 생겼을 때

약 쓰는 법 물에 달여 먹는다. 부스럼에는 가루로 빻아
뿌리거나 생잎을 짓찧어 붙인다.

주의할 점 위가 약한 사람이나 아기를 가진 엄마는 안 먹는다.

봉선화

약재 이름 급성자

약재 만드는 법 가을에 익은 씨를 털어서
껍질을 벗긴 뒤 말린다.

약 성질 성질은 따뜻하다. 맛은 조금 쓰고 맵다. 독이 조금 있다.

약 먹는 때 피멍이 들었을 때, 달거리가 없을 때, 벌레나
독뱀에 물렸을 때, 습진이나 무좀

약 쓰는 법 물에 달여 먹거나 가루를 내서 먹는다.
생풀을 짓찧어 붙인다.

주의할 점 아기를 가진 엄마는 안 먹는다.

사철쑥

약재 이름 인진
약재 만드는 법 늦봄부터 여름 들머리까지
꽃이 피기 전에 풀을 베어 햇볕에 말린다.
약 성질 성질은 서늘하고 맛은 쓰고 맵다.
약 먹는 때 황달, 간염, 오줌을 잘 못 눌 때
약 쓰는 법 물에 달여 먹는다.

산자고

약재 이름 광자고
약재 만드는 법 여름 들머리 잎이 시들 때
비늘줄기를 캐서 햇볕에 말린다.
약 성질 성질은 차고 맛은 달고 맵다. 독이 있다.
약 먹는 때 목이 붓고 아플 때, 아기를 낳고 피가 뭉쳐 있을
때, 뼈마디가 붓고 아플 때, 살갗이 헐거나 부스럼이 났을 때
약 쓰는 법 물에 달여 먹거나 날것을 짓찧어 붙인다.
주의할 점 독이 있어서 몸이 약한 사람은 안 먹는다.

삼

약재 이름 화마인
약재 만드는 법 가을에 열매가 익으면 낫으로 베어
말린 뒤 두드려서 씨를 턴다. 씨는 햇볕에 말린다.
약 성질 성질은 평하고 맛은 달다.
약 먹는 때 똥이 안 나올 때, 젖이 안 나올 때
약 쓰는 법 물에 달여 먹는다.
주의할 점 많이 먹으면 토하고 물똥을 싸고 몸이 굳는다.

삼백초

약재 이름 삼백초
약재 만드는 법 여름부터 가을 사이에 뿌리째 캐서
햇볕에 말린 뒤 잘게 썬다.
약 성질 성질은 차고 맛은 쓰고 맵다.
약 먹는 때 요도염, 방광염, 신장염, 급성간염,
황달, 종양, 종기, 피부병
약 쓰는 법 물에 달여 먹는다. 생풀을 즙을 내서 먹거나
짓찧어서 상처에 붙인다.
주의할 점 성질이 차서 비장이나 위장이 약한 사람은 안
먹는다. 사람에 따라 약을 먹고 토할 수도 있다.

삼지구엽초

약재 이름 음양곽
약재 만드는 법 여름부터 가을 사이에
잎과 줄기를 베어 그늘에 말린 뒤 잘게 썬다.
약 성질 성질이 따뜻하고 맛이 맵고 독이 없다.
약 먹는 때 성 기능이 떨어질 때, 건망증, 신경쇠약, 히스테리,
허리와 다리에 힘이 없을 때, 팔다리 마비나 경련
약 쓰는 법 물에 달여서 밥 먹고 한 시간 뒤에 먹는다.
주의할 점 열이 많은 사람은 덜 먹는 게 좋다.

삽주

약재 이름 백출
약재 만드는 법 봄가을에 뿌리줄기를 캐서 잔뿌리를 다듬고
햇볕에 말린다. 쓰기 전에 잘게 썰어 불에 볶는다.
약 성질 성질이 따뜻하고 맛은 쓰고 달며 독이 없다.
약 먹는 때 위장병, 소화 장애, 콩팥 기능 장애, 야맹증, 설사,
감기, 뼈마디 아픔, 몸이 부을 때
약 쓰는 법 물에 두세 시간 달여 먹는다.

새삼

약재 이름 토사자

약재 만드는 법 가을에 씨가 여물면 덩굴을 거두어
햇볕에 말린 뒤 두드려 씨를 턴다.

약 성질 성질은 평하며 맛이 맵고 달며 독이 없다.

약 먹는 때 기운 없을 때, 허리와 무릎이 시리고 아플 때,
오줌이 잘 안 나올 때, 물똥을 쌀 때, 당뇨병, 야맹증

약 쓰는 법 물에 달이거나 가루로 빻아 알약으로 먹는다.

주의할 점 변비가 있거나 아기를 가진 엄마는 안 먹는다.

석위

약재 이름 석위

약재 만드는 법 잎을 베어다 햇볕이나 그늘에서 말린다.
잎 뒤에 있는 비늘을 깨끗이 닦고 잘게 썬다.

약 성질 성질은 평하고(조금 차다고도 한다)
맛은 쓰고 달며 독이 없다.

약 먹는 때 오줌을 못 눌 때, 오줌에 피가 섞여 나올 때,
요로결석, 신장염, 방광염, 기침이나 기관지염

약 쓰는 법 물에 달이거나 가루로 빻아 먹는다.

석창포

약재 이름 석창포

약재 만드는 법 가을에 뿌리줄기를 캐서
수염뿌리를 다듬고 물에 씻어 햇볕에 말린다.

약 성질 성질은 따뜻하고(평하다고도 한다) 맛이 맵고 독이 없다.

약 먹는 때 입맛이 없고 소화가 잘 안 될 때, 의식이 흐릴 때,
건망증, 간질, 목이 쉴 때, 귀울림, 두통, 관절염,
위염, 십이지장궤양

약 쓰는 법 물에 달여 먹는다. 부스럼, 습진에는
달인 물로 씻거나 가루 내어 뿌린다.

소엽

약재 이름 자소자
약재 만드는 법 가을에 씨를 털어서 볕에 말린다.
약 성질 성질이 따뜻하고 맛이 맵고 독이 없다.
약 먹는 때 기침, 가래, 변비, 머리가 아프고
밤에 잠이 안 올 때
약 쓰는 법 물에 달여 먹는다.
주의할 점 몸이 허약하거나 땀이 많이 나는 사람은
조심해서 쓴다.

속단

약재 이름 한속단
약재 만드는 법 가을이나 봄에 뿌리를 캔다.
햇볕이나 밝은 그늘에서 말린 뒤 잘게 썬다.
약 성질 성질은 조금 따뜻하고 맛은 쓰고 맵다.
약 먹는 때 뼈마디가 쑤실 때, 허리가 아플 때,
피멍이 들었을 때, 피가 날 때
약 쓰는 법 물에 달여 먹는다.
주의할 점 열이 많은 사람은 안 먹는다.

속새

약재 이름 목적
약재 만드는 법 여름부터 가을까지 줄기를 베어
그늘이나 햇볕에 말린 뒤 잘게 썬다.
약 성질 성질은 평하고 맛은 달며 조금 쓰고 독이 없다.
약 먹는 때 눈이 빨갛게 충혈되고 눈곱이 끼면서 눈을 감고
뜨기 어렵고 시력이 나빠질 때, 요도염, 방광염,
요로결석, 신장염, 장출혈
약 쓰는 법 물에 달여 먹는다. 달인 물로 눈을 씻는다.
주의할 점 많이 먹으면 중독되고 설사를 한다.

쇠무릎

약재 이름 우슬
약재 만드는 법 가을이나 이른 봄에 뿌리를 캐서
햇볕에 말린 뒤 잘게 썬다.
약 성질 성질은 평하고 맛은 쓰고 시다.
약 먹는 때 신경통, 관절염, 피멍 들었을 때,
아기를 낳고 몸이 부었을 때
약 쓰는 법 물에 달이거나 가루를 내서 먹는다.
뿌리를 짓찧어 무릎이나 허리 아픈 곳에 붙인다.
주의할 점 아기 가진 엄마는 안 먹는다.

수세미오이

약재 이름 사과락
약재 만드는 법 가을부터 서리가 내린 뒤에 열매를 따서
말린다. 즙을 짠다.
약 성질 성질은 서늘하고 맛은 달다.
약 먹는 때 숙취, 두통, 신경통, 부황, 복통, 폐렴, 기침, 가래,
천식, 감기, 각기, 심장병
약 쓰는 법 물에 두세 시간 달여 빈속에 먹는다. 열매를 말려
불에 구워 가루를 내서 먹는다. 생즙을 짜서 먹거나 바른다.

쉽싸리

약재 이름 택란
약재 만드는 법 꽃이 필 때 베어다 햇볕에 말린 뒤 잘게 썬다.
약 성질 성질은 조금 따뜻하다. 맛은 쓰고 달고 맵다.
약 먹는 때 아기를 낳고 배가 아플 때, 달거리가 없거나
띄엄띄엄할 때, 몸이 부을 때, 멍이 들었을 때
약 쓰는 법 물에 달이거나 가루를 내서 먹는다.

시호

약재 이름 시호

약재 만드는 법 가을이나 봄에 뿌리를 캐서
햇볕에 말려 잘게 썰거나 식초에 담근 뒤 볶는다.

약 성질 성질은 조금 차고 맛은 쓰다.

약 먹는 때 열이 나고 몸이 오슬오슬 추울 때, 옆구리가
걸리고 아프며 귀에서 소리가 날 때, 머리가 어질어질할 때,
간염, 황달, 치질, 말라리아

약 쓰는 법 물에 달이거나 가루를 내서 먹는다.

쑥

약재 이름 애엽

약재 만드는 법 꽃 피기 전에 풀을 베어 그늘에서 말린다.
잘게 썰거나 잎을 따서 쓴다.

약 성질 성질은 따뜻하고 맛은 쓰다.

약 먹는 때 달거리를 띄엄띄엄할 때, 달거리하면서
배가 아플 때, 대하증, 위장병, 피가 나거나 상처가 났을 때

약 쓰는 법 물에 달여 먹는다.
생풀을 짓찧어 붙인다.

알로에

약재 이름 노회

약재 만드는 법 잎을 잘라 즙을 받는다.
즙을 졸여서 덩어리로 만든다.

약 성질 성질은 차고 맛은 쓰며 독이 없다.

약 먹는 때 똥이 굳어 안 나올 때, 열이 날 때,
몸에 기생충이 있을 때, 소화가 안 될 때, 간염, 위장병,
기침이나 천식, 불에 데었을 때

약 쓰는 법 물에 달이거나 가루를 내서 먹는다.
생잎을 썰어 살갗에 붙인다.

주의할 점 아기를 가진 엄마나 설사할 때는 안 먹는다.

애기똥풀

약재 이름 백굴채

약재 만드는 법 꽃이 피었을 때 베어다 그늘에서
말린 뒤 잘게 썬다.

약 성질 성질은 조금 따뜻하고 맛은 쓰고 맵고 독이 있다.

약 먹는 때 기침, 백일해, 기관지염, 위가 아플 때, 간염,
황달, 위궤양, 피부병, 종기, 무좀

약 쓰는 법 물에 달여 먹는다.

주의할 점 독이 있어서 함부로 먹으면 안 된다.

약모밀

약재 이름 어성초

약재 만드는 법 꽃이 필 때 풀을 베어 그늘에서 말린다.

약 성질 성질은 차고 맛은 맵다.

약 먹는 때 기침 날 때, 기관지염, 위가 아플 때,
간이 안 좋아 얼굴이 누레질 때

약 쓰는 법 물에 달여 먹는다.

양귀비

약재 이름 앵속각

약재 만드는 법 열매가 익으면 따서
씨를 받고 껍질을 햇볕에 말린다.

약 성질 성질은 평하고 맛은 시고 떫다.

약 먹는 때 기침, 설사, 배가 아플 때

약 쓰는 법 물에 달여 먹거나 가루를 내서 먹는다.

주의할 점 중독성이 있어서 많이 먹거나 오래 먹으면 안 된다.

엉겅퀴

약재 이름 대계

약재 만드는 법 뿌리는 가을에 캐고 잎과 줄기는
꽃이 필 때 베어서 햇볕에 말린다.

약 성질 성질은 서늘하고 맛은 쓰며 독이 없다.

약 먹는 때 피를 토하거나 코피가 나거나 오줌에 피가 섞여
나올 때, 간에 염증이 생겨 얼굴이 노래질 때, 혈압이 높을 때

약 쓰는 법 물에 달여 먹는다. 날 잎이나 날 뿌리를
짓찧어 부스럼 난 곳에 붙인다.

오이풀

약재 이름 지유

약재 만드는 법 봄가을에 뿌리를 캐서 햇볕에 말린 뒤 잘게 썬다.

약 성질 성질은 조금 차고(평하다고도 한다)
맛은 쓰고 달며 시고 독이 없다.

약 먹는 때 배가 아프거나 물똥을 쌀 때, 피를 토할 때,
아기 낳고 피가 안 멈출 때, 상처가 나서 피가 날 때,
불이나 뜨거운 물에 데었을 때

약 쓰는 법 물에 달이거나 가루로 빻아 먹는다. 상처 난
곳이나 습진에는 가루를 뿌린다.

용담

약재 이름 용담

약재 만드는 법 가을이나 봄에 뿌리를 캐서
볕에 말린 뒤 잘게 썬다.

약 성질 성질은 몹시 차고 맛이 쓰며 독이 없다.

약 먹는 때 소화가 안 될 때, 위염, 고혈압, 간염에 걸려
얼굴이 누레질 때

약 쓰는 법 물에 달이거나 가루로 빻아 먹는다.

주의할 점 위가 약해서 설사를 자주 하거나 허약한 사람은
안 먹는다. 빈속에 먹으면 오줌을 지릴 수도 있다.

원지

약재 이름 원지

약재 만드는 법 가을이나 봄에 뿌리를 캐서
심을 뺀 뒤 햇볕에 말린다.

약 성질 성질은 따뜻하고 맛은 쓰고 맵다.

약 먹는 때 잘 놀라고 가슴이 두근거릴 때, 마음이 우울하고
잠을 못 이룰 때, 기억이 잘 안 나고 깜박깜박할 때,
천식, 폐렴, 기관지염

약 쓰는 법 물에 달여 먹는다.

원추리

약재 이름 훤초

약재 만드는 법 가을에 뿌리를 캐서 잔뿌리를 다듬고
물에 씻는다. 햇볕에 말려 썰어서 쓴다.

약 성질 성질은 서늘하고 맛은 달다.

약 먹는 때 오줌이 안 나올 때, 코피, 대변 출혈,
자궁 출혈, 유방염

약 쓰는 법 물에 달이거나 생즙을 짜서 먹는다.

주의할 점 뿌리와 잎에 독이 조금 있다.
너무 많이 먹거나 너무 오래 먹지 않는다.

율무

약재 이름 의이인

약재 만드는 법 가을에 익은 열매를 털어
햇볕에 말린 뒤 껍질을 벗기고 쓴다.

약 성질 성질은 조금 차고(평하다고도 한다)
맛이 달며 독이 없다.

약 먹는 때 몸이 붓거나 오줌이 잘 안 나올 때,
뼈마디가 아플 때, 폐결핵, 위암

약 쓰는 법 물에 달이거나 가루로 빻아서 먹는다.

이질풀

약재 이름 현초
약재 만드는 법 꽃이 피고 열매가 열릴 때
베어다가 햇볕에 말린 뒤 잘게 썬다.
약 성질 성질은 평하고 맛은 맵고 쓰다.
약 먹는 때 배가 아프고 똥에 피고름이 섞여 나올 때, 장염,
뼈마디가 시큰거리고 쑤실 때, 팔다리를 못 움직이고
경련이 일어날 때, 피멍이 들었을 때, 설사할 때
약 쓰는 법 물에 달이거나 가루를 내서 먹는다.

익모초

충위자(씨)

익모초(풀)

약재 이름 익모초(풀), 충위자(씨)
약재 만드는 법 여름에 풀을 거둬서 햇볕에 말린 뒤 잘게
썬다. 씨는 가을에 여물면 털어서 받는다.
약 성질 성질은 조금 차다. 맛이 쓰고 맵고 독이 없다.
약 먹는 때 아기 낳은 뒤 배가 아프거나 피가 안 멈출 때,
달거리가 고르지 않을 때, 더위 먹었을 때, 오줌이 잘 안
나오거나 피가 섞여 나올 때, 고혈압
약 쓰는 법 물에 달여 먹는다. 엿을 고거나 가루로 빻아
알약을 만들거나 생즙을 먹는다.
주의할 점 아기를 가진 엄마나 빈혈이 있는 사람은 안 먹는다.

인삼

약재 이름 인삼
약재 만드는 법 뿌리를 캐서 흙을 털어 내고
날것으로 쓰거나 햇볕에 말리거나 찐다.
약 성질 성질이 따뜻하다. 맛이 달고 독이 없다.
약 먹는 때 피로, 허약, 해독, 당뇨병, 입맛이 없을 때,
설사나 구토, 여러 가지 암
약 쓰는 법 물에 달여 먹는다.
주의할 점 혈압이 높거나 몸에 열이 많을 때,
염증이 막 생겼을 때는 안 먹는 게 좋다.

홍화자(씨)

홍화(꽃)

잇꽃

약재 이름 홍화(꽃), 홍화자(씨앗)

약재 만드는 법 여름 들머리에 노란 꽃이 빨갛게 바뀔 즈음 꽃을 뜯어 그늘에서 말린다. 씨는 가을에 거둬서 기름을 짠다.

약 성질 성질은 따뜻하고 맛은 맵고 독이 없다.

약 먹는 때 고혈압, 동맥경화증, 고지혈증, 타박상, 달거리 없을 때, 달거리 뒤에 배가 아플 때, 아기를 낳고 배가 아플 때

약 쓰는 법 물에 달여 먹는다.

주의할 점 아기를 가진 엄마는 안 먹는다.

자란

약재 이름 백급

약재 만드는 법 봄가을에 뿌리를 캔다. 수염뿌리를 없애고 물에 씻어 찐 뒤 겉껍질을 벗겨 햇볕에 말린다.

약 성질 성질은 평하고(조금 차다고도 한다) 맛은 쓰고 맵고 독이 없다.

약 먹는 때 폐결핵, 내출혈, 피를 토할 때, 코피, 상처에 피가 날 때, 부스럼, 습진

약 쓰는 법 물에 달여 먹는다. 가루를 내서 먹거나 살갗에 바른다.

주의할 점 감기에 걸려 기침할 때는 안 먹는다.

자리공

약재 이름 상륙

약재 만드는 법 가을이나 이른 봄에 뿌리를 캔다. 햇볕에 말린 뒤 썰어서 쓰거나 식초로 볶아서 독을 뺀 뒤 쓴다.

약 성질 성질은 차고 맛은 쓰고 독이 있다.

약 먹는 때 변비, 신장염, 오줌이 안 나올 때, 몸이 부을 때, 기관지염, 기침, 가래, 살갗에 종기가 나거나 곪았을 때

약 쓰는 법 물에 달여 먹는다. 날 뿌리를 짓찧어 상처에 붙인다.

주의할 점 독이 있어서 함부로 쓰면 안 된다. 아기를 가진 엄마나 몸이 약한 사람은 안 먹는다.

작약

약재 이름 작약
약재 만드는 법 봄가을에 뿌리를 캐서
햇볕에 말린 뒤 썰거나 불에 볶아서 쓴다.
약 성질 성질은 평하고 조금 차다. 맛은 쓰고 시다.
약 먹는 때 달거리가 없거나 뜸할 때, 달거리하면서
배가 아플 때, 온몸이 아플 때, 배가 아플 때, 식은땀이 날 때
약 쓰는 법 물에 달여 먹는다.
가루 내서 알약을 만들어 먹는다.

장구채

약재 이름 왕불류행
약재 만드는 법 열매가 익었을 때 베어다
햇볕에 말려서 쓰거나 씨앗을 털어서 쓴다.
약 성질 성질은 조금 차고 맛은 쓰다.
약 먹는 때 달거리가 없을 때, 젖이 안 나올 때,
젖몸살, 코피, 뼈마디가 아플 때
약 쓰는 법 물에 달여 먹는다. 씨는 가루를 내서 먹는다.
주의할 점 아기를 가진 엄마는 안 먹는다.

절굿대

약재 이름 누로
약재 만드는 법 가을에 뿌리를 캐서 햇볕에 말린다.
약 성질 성질은 차고 맛은 쓰다.
약 먹는 때 유방염, 젖이 안 나올 때, 근육이나 뼈마디가
아플 때, 얼굴이 굳었을 때, 종기, 습진, 치질, 코피,
오줌에 피가 섞여 나올 때
약 쓰는 법 물에 달이거나 가루를 내서 먹는다.

접시꽃

약재 이름 촉규근

약재 만드는 법 가을이나 봄에 뿌리를 캐서
햇볕에 말린다.

약 성질 성질은 차고 맛은 달고 독이 없다.

약 먹는 때 오줌이 잘 안 나올 때, 물똥을 쌀 때,
똥이 굳어 안 나올 때, 대하증

약 쓰는 법 물에 달여 먹는다.

제비꽃

약재 이름 자화지정

약재 만드는 법 5~7월에 뿌리째 캐서
햇볕에 말리거나 생풀을 쓴다.

약 성질 성질은 차고 맛은 쓰고 맵다.

약 먹는 때 설사, 오줌이 잘 안 나올 때, 전립선염, 방광염,
간염, 몸이 부을 때, 부스럼, 독뱀에 물렸을 때

약 쓰는 법 물에 달이거나 가루로 빻아 먹는다.
종기나 독사에 물렸을 때는 생풀을 짓찧어 붙인다.

족도리풀

약재 이름 세신

약재 만드는 법 봄부터 여름 사이에 뿌리를 캐서 그늘에
말린다. 햇볕에 말리거나 물로 씻으면 약효가 떨어진다.

약 성질 성질은 따뜻하고 맛은 맵고 독이 있다.

약 먹는 때 감기, 두통, 치통, 류머티즘성 관절염, 신경통,
요통, 기관지염, 후두염, 비염, 뇌졸증, 뇌출혈

약 쓰는 법 뿌리나 잎을 물에 달여 먹는다.
가루를 코에 불어 넣거나 달인 물로 입가심한다.

주의할 점 독이 있어서 날것을 먹거나 많이 먹으면 안 된다.

쥐방울덩굴

약재 이름 마두령

약재 만드는 법 가을에 열매를 거둬 햇볕에
말린 뒤 껍질을 벗겨 쓴다.

약 성질 성질은 차고 맛은 쓰다.

약 먹는 때 기침, 가래, 치질, 고혈압

약 쓰는 법 물에 달여 먹는다.

주의할 점 오래 먹으면 암을 일으켜서 약으로 안 쓴다.

지모

약재 이름 지모

약재 만드는 법 가을이나 봄에 뿌리줄기를 캐서
수염뿌리와 털을 다듬어 햇볕에 말린다. 소금물이나
술에 담근 뒤 볶아서 쓰기도 한다.

약 성질 성질은 차고 맛은 쓰다.

약 먹는 때 감기에 걸려 열이 나고 머리가 아프고
몸살이 날 때, 기침이 나고 목이 아플 때, 변비

약 쓰는 법 물에 달이거나 가루나 알약으로 먹는다.

주의할 점 설사할 때는 안 먹는다.

지치

약재 이름 자초

약재 만드는 법 봄에 뿌리를 캐서 햇볕에
말리거나 불에 쬐어 말린 뒤 잘게 썬다.

약 성질 성질은 차고 맛은 쓰다.

약 먹는 때 불에 데었을 때, 동상, 습진, 곪은 곳, 변비,
오줌똥에 피가 섞여 나올 때, 코피가 날 때

약 쓰는 법 물에 달여 먹는다. 가루로 빻아 살갗에 바른다.

주의할 점 설사할 때는 안 먹는다.

지황

약재 이름 생지황
약재 만드는 법 가을에 뿌리를 캐서 흙을 털어 내고 쓴다.
약 성질 성질이 차고 맛은 쓰고 달다.
약 먹는 때 열날 때, 코피 날 때, 피오줌 쌀 때, 피 토할 때,
변비, 멍든 데, 달거리 없을 때
약 쓰는 법 물에 달여 먹는다.
주의할 점 위장이 약한 사람은 안 먹는다.
무와 함께 쓰지 않는다.

지황

약재 이름 건지황
약재 만드는 법 뿌리를 햇볕에 말린다
약 성질 서늘하고 달다.
약 먹는 때 열날 때, 피 토할 때, 코피 날 때,
달거리가 고르지 않을 때, 열꽃이 필 때
약 쓰는 법 물에 달여 먹는다.
주의할 점 위장이 약한 사람은 안 먹는다.
무와 함께 쓰지 않는다.

지황

약재 이름 숙지황
약재 만드는 법 건지황을 술에 불려 쪄서 말린다.
약 성질 조금 따뜻하고 달다.
약 먹는 때 고혈압, 빈혈, 당뇨병, 신경쇠약, 치매,
아이가 허약할 때
약 쓰는 법 물에 달여 먹는다.
주의할 점 위장이 약한 사람은 안 먹는다.
무와 함께 쓰지 않는다.

진득찰

약재 이름 희첨

약재 만드는 법 꽃이 필 무렵 베어다 햇볕에 말린다.
술과 꿀을 발라 찐 뒤 말리기도 한다. 잘게 썰어서 쓴다.

약 성질 성질은 차고 맛은 쓰다.

약 먹는 때 팔다리를 못 움직이고 뼈마디가 아플 때,
중풍, 얼굴이 굳을 때, 고혈압, 간염, 황달, 종기, 습진

약 쓰는 법 물에 달여 먹는다.
잎을 짓이겨 살갗에 붙인다.

질경이택사

약재 이름 택사

약재 만드는 법 늦가을이나 이듬해 봄에 뿌리줄기를
캐서 수염뿌리를 다듬고 햇볕에 말린다. 약한 불에 쬐어
말리기도 한다. 썰어서 쓴다.

약 성질 성질은 차고 맛은 달고 짜다.

약 먹는 때 오줌이 잘 안 나올 때, 콩팥이 안 좋아서
몸이 부을 때, 방광염, 요도염, 고혈압, 당뇨병

약 쓰는 법 물에 달이거나 가루로 빻아 먹는다.

짚신나물

약재 이름 용아초

약재 만드는 법 꽃이 피고 줄기가 무성할 때 베어서
햇볕에 말려 잘게 썬다.

약 성질 성질은 서늘하거나 평하다. 맛은 쓰고 떫으며 독이 없다.

약 먹는 때 코피, 피 토할 때, 오줌똥에 피가 섞여 나올 때,
내출혈, 설사, 이질, 위궤양, 장염, 달거리가 멎지 않을 때, 암,
몸속 기생충을 없앨 때, 트리코모나스질염

약 쓰는 법 물에 달이거나 가루로 빻아 먹는다.
뱀에 물리거나 종기가 난 곳에 생풀을 짓찧어 붙인다.

쪽

약재 이름 청대

약재 만드는 법 여름과 가을 사이에 잎을 따서
물에 우려낸 뒤 석회를 넣고 햇볕에 말린다.

약 성질 성질은 차고 맛이 짜며 독이 없다.

약 먹는 때 열이 날 때, 소화가 안 될 때, 몸이 붓고
염증이 생겼을 때, 기관지염

약 쓰는 법 물에 달이거나 가루 내어 먹는다.
벌레에 물린 데, 습진, 살갗에 염증이 생길 때는
잎을 짓찧어 바른다.

참나리

약재 이름 백합

약재 만드는 법 뿌리를 깨끗이 씻어 끓는 물에
살짝 데치거나 뜨거운 김으로 찐 뒤 햇볕에 말린다.

약 성질 성질은 평하거나 조금 차다. 맛은 달며 독이 없다.

약 먹는 때 신경쇠약, 잠이 안 올 때, 폐결핵,
마른기침이 날 때, 근육통, 신경통

약 쓰는 법 물에 달여 먹는다.

참당귀

약재 이름 당귀

약재 만드는 법 단풍이 들 때쯤 뿌리를 캐서 그늘에 말린다.

약 성질 성질은 따뜻하고 맛이 달고 맵다.

약 먹는 때 몸이 허약할 때, 머리가 아플 때, 뼈마디가 쑤실
때, 빈혈, 달거리가 고르지 않을 때, 아기 낳은 뒤 배가 아플 때

약 쓰는 법 물에 달여 먹는다.

주의할 점 물똥을 싸거나 소화가 안 돼서
배가 더부룩할 때는 안 먹는다.

참여로

약재 이름 여로

약재 만드는 법 봄가을에 뿌리를 캔다. 꼭지를 따 내고 찹쌀 뜨물에 하룻밤 재웠다가 식초에 볶거나 끓는 물에 데쳐서 독을 우려낸 뒤 햇볕에 말린다.

약 성질 성질은 차고 맛은 맵고 독이 많다.

약 먹을 때 비듬, 부스럼, 옴, 벌레를 없앨 때

약 쓰는 법 가루로 만든다.

주의할 점 독이 세서 몸이 약한 사람이나 아기를 가진 엄마는 안 먹는다.

천남성

약재 이름 천남성

약재 만드는 법 가을에 뿌리를 캐서 껍질을 벗긴다. 생강즙이나 백반을 넣고 끓여서 속까지 익힌다. 햇볕에 말린 뒤 잘게 썰어서 쓴다.

약 성질 성질은 평하고 맛은 쓰며 맵고 독이 있다.

약 먹을 때 중풍, 가래, 기침, 허리나 어깨 담

약 쓰는 법 물에 달이거나 가루를 내어 먹는다.

주의할 점 반드시 독을 없앤 뒤 쓴다. 몸이 허약하거나 아기를 가진 엄마는 안 먹는다.

천마

약재 이름 천마

약재 만드는 법 뿌리줄기 껍질을 벗긴 뒤 속이 뭉그러질 때까지 쪄서 햇볕이나 불로 빨리 말린다. 잘게 썰어서 쓰거나 썬 것을 불로 볶거나 뜨거운 재 속에 묻어 구워서 쓰기도 한다.

약 성질 성질은 차지도 따뜻하지도 않고 맛은 맵다.

약 먹을 때 어지럽고 머리가 아플 때, 팔다리가 굳을 때, 고혈압, 어린아이가 간질에 걸렸을 때, 유행뇌척수막염, 중풍

약 쓰는 법 끓는 물에 우려내서 먹는다.

층층갈고리둥굴레

약재 이름 황정

약재 만드는 법 봄가을에 뿌리줄기를 캐서 잔뿌리를
다듬고 햇볕에 말리거나 시루에 찐 뒤 말려서 쓴다.

약 성질 성질은 평하고 맛은 달다.

약 먹는 때 몸에 힘이 없고 기운이 없을 때, 시난고난 앓고
난 뒤, 어지럽고 귀에서 소리가 나고 눈앞에서 별 같은 것이
반짝반짝 헛보일 때, 머리카락이 일찍 하얘질 때, 기침, 가래

약 쓰는 법 물에 달여 먹는다.

투구꽃

약재 이름 초오

약재 만드는 법 뿌리를 캐서 햇볕에 말리거나 불에 쬐어 말린다.
말린 약재를 다시 찬물에 담그고 아린 맛이 없어질 때까지
우려낸다. 아린 맛이 없어지면 건져서 감초와 검정콩을 넣고
삶은 뒤 다시 햇볕에 말린다.

약 성질 성질은 뜨겁고 맛은 맵고 쓰며 독이 많다.

약 먹는 때 머리가 아플 때, 치통, 관절염

약 쓰는 법 물에 달여 먹는다.

주의할 점 독이 아주 세서 함부로 쓰면 안 된다.

패랭이꽃

약재 이름 석죽

약재 만드는 법 꽃이나 열매가 달린 채 통째로
베어다가 햇볕에 말린 뒤 잘게 썰어 쓴다.

약 성질 성질은 차다. 맛은 쓰고 맵고(달다고도 한다) 독이 없다.

약 먹는 때 열이 나고 오줌이 안 나올 때, 급성 방광염,
요도염, 피멍이 들었을 때, 몸이 부을 때, 달거리가 없을 때

약 쓰는 법 물에 달이거나 가루로 빻아서 먹거나
아픈 곳에 바른다.

주의할 점 아기를 가진 엄마는 안 먹는다.

피마자

약재 이름 피마자
약재 만드는 법 가을에 잘 여문 씨를 거둔다.
약 성질 성질은 차지도 따뜻하지도 않다.
맛은 달고 맵고 독이 조금 있다.
약 먹는 때 변비, 소화가 안 될 때, 열날 때, 종기,
부스럼, 타박상, 두통, 얼굴이 굳을 때
약 쓰는 법 기름을 짠다. 갈아서 알약을 만들거나
생으로 짓찧어 쓴다.
주의할 점 아기 가진 엄마, 어린아이, 노인은 안 먹는다.
아기를 낳은 뒤나 수술 뒤에 변비가 생겼을 때는 안 먹는다.

하수오

약재 이름 하수오
약재 만드는 법 늦가을이나 봄에 뿌리를 캐서 껍질을
벗긴 뒤 햇볕에 말린다. 까만 콩 달인 물에 버무려 찐 뒤
말리거나 쌀뜨물에 하룻밤 담갔다가 말리기도 한다.
껍질을 벗길 때 쇠붙이 칼은 쓰지 않는다.
약 성질 성질은 조금 따뜻하고 맛은 달고 쓰다.
약 먹는 때 몸이 허약할 때, 오래 앓고 난 뒤, 가슴이
두근거리고 잠이 안 올 때, 변비나 설사, 신경쇠약
약 쓰는 법 물에 달여 먹는다.

할미꽃

약재 이름 백두옹
약재 만드는 법 가을부터 봄 사이에 뿌리를 캔다.
잔뿌리를 다듬고 물에 씻어 햇볕에 말린 뒤 잘게 썬다.
약 성질 성질은 차고 맛은 쓰고 독이 있다.
약 먹는 때 말라리아, 신경통, 코피 날 때, 이질, 설사,
치질로 피가 날 때, 장염, 무좀
약 쓰는 법 물에 두세 시간 달인다. 밥 먹고 한 시간 뒤에 먹는다.
주의할 점 몸이 약한 사람은 많이 먹으면 안 된다. 독이
있어서 조심해서 쓴다.

향부자

약재 이름 향부자

약재 만드는 법 가을에 덩이뿌리를 캐서 햇볕에 말린 뒤
수염뿌리와 잔털을 태우고 계속 말린다. 말린 덩이뿌리를 불에
볶거나, 소금물이나 식초, 생강즙에 담갔다가 볶아서 쓴다.
술이나 소금물, 생강즙에 넣어 삶은 뒤 약으로 쓴다.

약 성질 성질은 평하고 맛은 맵고 조금 쓰고 달며 독이 없다.

약 먹는 때 달거리가 띄엄띄엄 있거나 없을 때, 달거리 때나
아기를 낳고 배가 아플 때, 속이 답답하고 더부룩할 때

약 쓰는 법 물에 달여 먹는다.

향유

약재 이름 향유

약재 만드는 법 꽃이 필 때부터 열매가 익을 때까지
베어다 그늘에서 말려 잘게 썬다.

약 성질 성질이 조금 따뜻하고 맛이 맵고 독이 없다.

약 먹는 때 여름 감기, 더위를 먹어 토하고 물똥을 쌀 때,
몸이 부었을 때, 입에서 냄새가 날 때,
오줌이 잘 안 나올 때, 몸에 종기가 났을 때

약 쓰는 법 물에 달이거나 가루로 빻아 먹는다. 종기 난
곳에는 생풀을 짓찧어 붙인다.

현삼

약재 이름 현삼

약재 만드는 법 가을이나 봄에 뿌리를 캐서 햇볕에 말린다.
찌거나 불에 검게 구워서 말린다. 말린 약재를 잘게
썰어서 쓴다.

약 성질 성질은 조금 차고 맛은 쓰며 짜고 독이 없다.

약 먹는 때 열병으로 답답하고 갈증이 날 때,
몸에 열꽃이 필 때, 목이 붓고 아플 때, 변비, 고혈압

약 쓰는 법 물에 달여 먹는다.

주의할 점 설사가 날 때는 안 먹는다.

호장근

약재 이름 호장근
약재 만드는 법 가을이나 이른 봄에 뿌리를 캐서
흙을 씻어 내고 햇볕에 말린 뒤 어슷하게 썬다.
약 성질 성질은 조금 차갑고 맛은 쓰고 시며 독이 없다.
약 먹을 때 팔다리가 쑤실 때, 황달, 간염,
달거리가 고르지 않을 때, 피멍이 들었을 때, 종기, 변비
약 쓰는 법 물에 달이거나 가루로 빻아 먹는다.
주의할 점 물똥을 쌀 때는 먹지 않는다.

황금

약재 이름 황금
약재 만드는 법 가을이나 이른 봄에 뿌리를 캔다.
껍질을 벗기고 햇볕에 재빨리 말린 뒤 잘게 썬다.
약 성질 성질은 차고 맛은 쓰며 독이 없다.
약 먹을 때 기침이 날 때, 열이 나고 가슴이 답답하고
목이 탈 때, 물똥을 쌀 때, 눈이 붉어지고 붓고 아플 때,
코피 날 때, 위장염, 방광염, 요도염, 간염
약 쓰는 법 물에 달여 먹는다. 가루를 내어 살갗에 바른다.
주의할 점 속이 차고 약한 사람은 안 먹는다.

황기

약재 이름 황기
약재 만드는 법 봄가을에 뿌리를 캐서 그늘에 말린 뒤
뿌리꼭지를 떼 내고 껍질을 벗긴다. 잘게 썰어 쓰거나
꿀물이나 소금물에 재웠다가 불에 볶아서 쓴다.
약 성질 성질은 조금 따뜻하고 맛은 달며 독이 없다.
약 먹을 때 입맛이 없을 때, 땀이 나고 몸이 붓고
오줌을 잘 못 눌 때, 기운이 없을 때, 고혈압
약 쓰는 법 물에 달여 먹는다.

찾아보기

우리말 찾아보기

하

약재 이름 찾아보기

《가을에 꽃 피는 야생식물》 고경식, 일진사, 2004

《건강을 지키는 22가지 토종약초》 배종진, H&book, 2007

《경제식물자원사전》 과학백과사전종합출판사, 1989

《고통받는 환자와 인간에게서 멀어진 의사를 위하여》 에릭 J, 가셀, 코기토, 2003

《내 발로 떠나는 방방곡곡 약초산행》 최진규, 김영사, 2002

《내게로 다가온 꽃들》 김민수, 한얼미디어, 2004

《누구나 손쉽게 찾아 쓸 수 있는 약초도감》 배종진, 더블유출판사, 2009

《동약학 개론》 의학출판사, 1965

《동의보감 1~5》 허준, 여강출판사, 1994

《동의보감 제1권 내경편》 허준, 동의과학연구소, 휴머니스트, 2002

《마음을 담은 책 ⑤ 생약초》 정필근, 홍신문화사, 1991

《몸에 좋은 산야초》 장준근, 넥서스북스, 2009

《무슨 꽃이야?》 보리출판사, 2006

《무슨 풀이야?》 보리출판사, 2007

《문명과 질병》 헨리 지거리스트, 한길사, 2008

《민족문화대백과사전 1~27》 한국정신문화연구원, 1995

《보리 국어사전》 윤구병 외, 보리출판사, 2008

《본초기-최철한 원장의 약초 바라보기》 최철한, 대성의학사, 2009

《본초약재도감》 전통의학연구소 편, 성보사, 1994

《본초학》 이상인, 학림사, 1986

《본초학》 전국한의과대학 공동교재편찬위원회 편, 영림사, 2007

《봄에 꽃 피는 야생식물》 고경식, 일진사, 2004

《산야초 건강학》 장준근, 넥서스, 1997

《산야초 여행》 장국병 외, 석오출판사, 1988

《세밀화로 그린 보리 어린이 식물 도감》 보리출판사, 1997

《세밀화로 그린 보리 어린이 풀 도감》 보리출판사, 2009

《쉽게 찾는 우리 약초(민간편)》 김태정, 현암사, 1998

《쉽게 찾는 우리 약초(한방편)》 김태정, 현암사, 1998

《신동의학사전》 여강출판사, 2003

《실용 동의약학》 과학백과사전출판사 편, 일월서각, 1990

《알면 약이 되는 몸에 좋은 식물 150 : 솔뫼 선생과 함께》 솔뫼, 그린홈, 2009

《약용식물대사전》 다타카 고우지, 그린홈, 2004

《약이 되는 산야초 108가지》 최양수, 하남출판사, 2004

《약초 한방 침술백과》 장영훈, 동아문예, 1985

《약초》 안덕균, 교학사, 교학미니가이드 2, 2003

《약초꾼 최진규의 토종약초 장수법_1》 최진규, 태일출판사, 1997

《약초의 성분과 이용》 과학백과사전출판사, 일월서각, 1999

《여름에 꽃 피는 야생식물》 고경식, 일진사, 2004

《우리 약초로 지키는 생활한방 1~3》 김태정, 신재용, 이유, 2003

《우리가 정말 알아야 할 우리 꽃 백가지 1》 김태정, 현암사, 2005

《우리나라 야생화 이야기》 제갈영, 이비락 2008

《원색 대한식물도감 상, 하》 이창복, 향문사, 2003

《원색 천연약물대사전 상, 하》 김재길, 남산당, 1997

《원색 한국식물도감》 이영노, 교학사, 2002

《원색 한국약용·식물도감》 육창수, 아카데미서적, 1993

《원색 한약도감》 강병수, 동아문화사, 2008

《인간은 왜 병에 걸리는가》 R. 네스 외, 사이언스북스, 2002

《임상본초학》 신민교, 영림사, 2002

《전통 한의학을 찾아서》강병수, 동아문화사, 2005

《조선 약용 식물 도설 제1집》도봉섭, 임록재, 평양, 1955

《조선 약용 식물 상, 하》도봉섭, 임록재, 과학원 출판사, 1966

《조선식물원색도감 1, 2》과학백과사전종합출판사, 2001

《조선약용식물(원색)》농업출판사, 1993

《조선약용식물지 1~3》임록재, 농업출판사 1998

《조선약용식물지 3-전통의학약용식물편》임록새, 한국문화사, 1999

《질병을 치료하는 약용식물의 효능과 재배법 상, 하》박민희 외, 문예마당, 2004

《통속 한의학원론》조헌영, 학원사, 1999

《한국본초도감》안덕균, 교학사, 2000

《한국생약자원생태도감 1~3》강병화, 지오북, 2008

《한국의 보약》최태섭, 열린책들, 2007

《한국의 야생식물》고경식, 전의식, 일진사, 2005

《한국의 야생화》이유미, 다른세상, 2010

《한국의 약용식물》배기환, 교학사, 2000

《한약 포제와 임상응용》강병수 외, 영림사, 2003

《한약약리학》김호철, 집문당, 2001

《향약집성방 5》과학백과사전출판사 편, 일월서각, 1993

《향약집성방의 향약본초》신전휘, 신용욱, 계명대학교 출판부, 2006

《향약채취월령》안덕균 주해, 세종대왕기념사업회, 1983

《혁이삼촌의 꽃따라기》이동혁, 이비락, 2009

그린이

이원우 1964년 인천에서 태어났다. 추계예술대학교에서 서양화를 공부했다. 약초를 그리기 위해 산과 들에 나가 직접 눈으로 보고 취재해서 그림을 그렸다. 《고기잡이》, 《갯벌에 뭐가 사나 볼래요》, 《뻘 속에 숨었어요》, 《갯벌에서 만나요》, 《세밀화로 그린 보리 어린이 갯벌도감》에 그림을 그렸다.

임병국 1971년 강화에서 태어났다. 홍익대학교 회화과에서 공부했고 '보리 제1회 세밀화 공모전'에서 대상을 받았다. 《산짐승-보리 어린이 첫도감》에 그림을 그렸고, 잡지 《개똥이네 놀이터》에 토끼똥 아저씨의 동물 이야기를 연재했다.

안경자 1965년 충북 청원에서 태어났다. 덕성여자대학교에서 서양화를 공부했다. 《무슨 풀이야?》, 《무슨 꽃이야?》, 《세밀화로 그린 보리 어린이 풀도감》에 세밀화를 그렸다. 그림책 《애벌레가 들려주는 나비 이야기》, 《무당벌레가 들려주는 텃밭 이야기》, 《찔레 먹고 똥이 뿌지직!》, 《아침에 일어나면 뽀뽀》, 《풀이 좋아》, 《우리가 꼭 지켜야 할 벼》에 그림을 그렸다.

이기수 1977년 차령산맥 금북정맥 아래 태어났다. 미대에서 공부했고 지금은 두 아들과 고향에 내려가 그림을 그리고 있다. 《약용식물 50선》, 《팡릉의 버섯》, 《손 주물러 병 고치기》, 《갯벌아 고마워》, 《서울 성곽순례길》, 《내 친구 맹꽁이》에 그림을 그렸다.

감수

이영종 1955년 전북 김제에서 태어났다. 경희대학교 한의과 대학을 졸업하고 같은 학교에서 본초학을 전공으로 한의학 박사 학위를 받았다. 지금은 가천대학교 한의과에서 본초학을 가르치고 있다. 《본초학》(공저), 《방제학》(공저)에 글을 쓰고, 《MT한의학》을 썼다.

박석준 충남 아산에서 태어났다. 대전대 한의대를 졸업하고 경희대에서 한의학 박사 학위를 받았다. 한국철학사상연구회에서 동양 철학을 공부하고, 동의과학연구소를 세워 동료들과 함께 한의학을 연구하고 있다. 지금은 《동의보감》을 우리말로 오롯이 옮기는데 힘을 쏟고 있다. 《동의보감 1, 2》를 옮겼고, 《몸》을 썼다.